ICE

MARCO TEDESCO
AVEC ALBERTO FLORES D'ARCAIS

ICE

AVENTURES SCIENTIFIQUES AU GROENLAND

Traduit de l'italien par Anaïs Goacolou

humenSciences

Prolongez l'expérience avec la newsletter de Cogito
sur www.humensciences.com

Titre original : *Ghiaccio. Viaggio nel continente che scompare*

Photos hors-texte : © Marco Tedesco
ISBN : 978-2-3793-1532-9

Dépôt légal : juin 2022

170 bis, boulevard du Montparnasse, 75014 Paris
Tél. : 01 55 42 84 00
www.humensciences.com

SOMMAIRE

PROLOGUE

C'est l'aube. Le soleil apparaît face à la montagne de Montevergine, l'illumine et dissipe le brouillard dans la vallée, berceau de la ville où j'ai grandi. Cette partie de l'Irpinia repose, statique, entre les monts Partenio et Terminio, colosses de Rhodes de ma terre qui s'érigent en protecteurs d'une culture et d'un lieu hors du temps. Ce ne sont pas les montagnes américaines, énormes, difficiles à mesurer, y compris du regard ; ce ne sont pas les Dolomites, qui dressent au-delà des nuages leurs cimes mystérieuses et impénétrables. Ces montagnes, justement parce qu'elles sont « à échelle humaine », conservent la saveur du terroir et des champs, leurs parfums, leur âpreté. Une âpreté qui rend les mains calleuses et la mentalité dure, et qui a forgé les gestes et actes quotidiens d'une tribu proto-européenne, les Hirpins (de *hirpos*, qui dans la langue osque signifiait « loup »). C'est de là que provient 90 % de mon patrimoine génétique.

Ce sont ces montagnes qu'enfant, je rêvais d'escalader : arriver au sommet était un défi à moi-même comme à leur mystère. C'est ici, j'en suis certain, que j'ai appris le temps lent, « géologique », nécessaire pour absorber ce qui nous entoure sans hâte, pour scruter, contempler ce qui s'offre à mes yeux et le transformer en une partie de moi. Même les marées humaines de Naples (où j'ai fait mes études d'ingénieur) et du Brésil (où j'ai vécu pendant différentes périodes) n'ont pas réussi à effacer ou estomper ce lien. Je ne m'imaginais pas, du temps où je les admirais depuis en bas, qu'un jour, je mettrais les pieds sur les glaciers de l'Antarctique, dans les Rocheuses et dans les hauteurs de l'Alaska, dans les forêts scandinaves de Finlande, ou sur les pierres de lave en contact avec la glace d'Islande.

Lorsque j'ai commencé mon doctorat, bien qu'étant un enfant du Sud de l'Italie, je me suis retrouvé à étudier un élément fort lointain : d'abord la neige, puis la glace. C'est à cette époque – il y a presque deux décennies – que j'ai visité pour la première fois les glaciers des Dolomites et c'est là, en observant le monde depuis ces sommets majestueux, que j'ai fortement ressenti l'appel des grandes étendues blanches solitaires. Devant ce panorama, la décision claire et non négociable de voir de mes propres yeux les terres froides du Groenland s'est affermie dans mon esprit. Une décision qui, plusieurs années plus tard, se ferait réalité, avec ce pays devenu progressivement, année après année, expédition après expédition, partie intégrante de ma vie. C'est ainsi que j'ai débuté mon long voyage personnel d'exploration dans un univers qui encore aujourd'hui, après si longtemps, ne cesse de m'époustoufler et de me passionner.

Ce devait être le destin.

1

LES RACINES DE LA GLACE

Comme souvent, je suis réveillé avant les autres. Autour de moi, le silence est absolu.

Les nuits de l'Arctique ont quelque chose de spécial. Je n'oublierai jamais la première fois que j'ai dormi ici : l'émotion de me trouver en contact direct avec la glace majestueuse, la lumière du soleil qui ne disparaît jamais, véritable compagne de vie dans ma profession. J'ai toujours eu l'habitude de me réveiller tôt et, à partir de là, je ne suis plus capable de me rendormir ; cette tendance s'est encore accrue avec la paternité et ne m'a plus abandonné.

Le premier exercice matinal au milieu des glaces de l'Arctique consiste à s'habiller, ce qui n'est pas aussi simple qu'on pourrait le penser. Pour affronter le monde du dehors, il est nécessaire de revêtir plus d'une couche. C'est ce qu'on appelle la technique de l'oignon : différentes strates de diverses épaisseurs et fonctions. Une pour le vent, une comme base en contact avec le corps, encore une faisant office de couche intermédiaire.

Il s'agit là d'une véritable manœuvre de contorsionniste : la tente ne mesure pas plus de cinquante centimètres de hauteur, aussi toutes les opérations doivent-elles être coordonnées. Le pantalon s'enfile en se dandinant sur le dos, et puis, assis en tailleur, on passe aux différentes strates du haut. C'est ensuite le tour des chaussettes, doubles et épaisses, qui glissent difficilement sur les pieds déjà froids. Premier commandement : ne jamais utiliser de coton. Nos vêtements nous tiennent chaud parce qu'ils piègent l'air réchauffé par la proximité de la peau, mais dès que cette matière prend l'humidité, elle cesse de fonctionner, les poches d'air du tissu se remplissant d'eau. Quand on marche et qu'on transpire, le coton absorbe la sueur comme une éponge et, si la température de l'air est inférieure à celle du corps – comme c'est le cas au Groenland –, on ressent un certain froid et les habits à présent saturés deviennent incapables de fournir l'isolation nécessaire. Voilà pourquoi nos vêtements sont toujours constitués de matières isolantes, que ce soit en laine ou en synthétique.

Je m'approche de la fermeture Éclair à l'entrée de la tente. Je fais très attention à ne pas réveiller mes compagnons de voyage et de recherche : ce frottement métallique serait quasi imperceptible dans une situation normale, mais ici, le moindre bruit est amplifié. Nous utilisons des tentes de camping, des « quatre-saisons », comme on dit dans le jargon. Légères et montées en moins de vingt minutes, elles disposent du matériau externe imperméable protégeant de la pluie, également présente au Groenland. Beaucoup de gens pensent qu'il fait froid sous les tentes, mais en général, ce n'est pas le cas. Particulièrement par ciel dégagé, le soleil éclatant du Groenland en réchauffe l'intérieur, au point que nous devons les garder ouvertes pour favoriser la circulation de l'air frais avant d'aller dormir. C'est encore plus vrai en plein été, quand le soleil ne se couche jamais. Notre camp est immergé dans un silence sidéral. Le sifflement du vent – parfois constant, parfois saccadé – est l'unique source de pollution sonore, si on peut parler de pollution. Je relève enfin la fermeture Éclair et le bruit me fait presque l'effet d'une explosion. Normal : le son n'est autre, au fond, que la transmission d'ondes de pression qui, après avoir rejoint l'oreille, sont à nouveau encodées par le cerveau ; au Groenland, la raréfaction de l'air et l'absence d'autres sources sonores donnent l'impression que les bruits les plus courants du quotidien acquièrent un timbre différent, inaudible autrement. Peut-être est-ce la fatigue ou une hallucination auditive ; peut-être est-ce le froid qui joue avec nos sens.

Je sors à quatre pattes, m'allonge sur le tapis de sol imperméable que nous avons laissé à l'entrée, puis je m'assieds. Il reste un dernier effort, celui d'enfiler les bottes par-dessus les chaussettes en laine, trop épaisses, mais nécessaires. Je me sens déjà fatigué. En même temps, je suis enthousiaste à l'idée de ce qui nous attend : chaque aventure, chaque imprévu devra être résolu en recourant seulement aux objets que nous aurons emportés. Lorsqu'on est au milieu des glaciers du Groenland, on n'a pas le luxe de passer au supermarché ou à la quincaillerie si jamais quelqu'un a oublié un tournevis ou de la ficelle.

Si les autres se sont réveillés, ils ne le montrent pas. Sous la tente, on n'entend que le rythme des respirations. La nuit a été de celles que j'aime définir comme intéressantes : quelqu'un se réveille et tire son voisin du sommeil pour poser une question à brûle-pourpoint, lancer une idée lumineuse ou, le plus souvent, parce qu'il a perçu quelque chose qui l'a inquiété. Cette fois-ci, c'était Patrick. Il a fait partie de mes doctorants sans jamais quitter New York, étudiant le Groenland par satellites et par ses maquettes exclusivement. Je l'ai invité à se joindre à nous, non seulement pour lui offrir une possibilité (méritée) d'évolution professionnelle, mais aussi pour qu'il puisse connaître le terrain. Je suis persuadé que tous ceux qui étudient cette immense et merveilleuse étendue polaire doivent au moins une fois dans leur vie la visiter en personne. Patrick m'a donc réveillé à 3 heures du matin environ. Un peu agité, il m'a demandé si j'avais entendu un grand bruit, comme un grondement, quelque chose d'étrange venant du glacier qui se trouve au-dessous de nous. « Si tu as besoin de quoi que ce soit, n'hésite pas, tu me réveilles, même en pleine nuit », lui avais-je dit à peine avions-nous atterri. Il m'a donc pris au mot.

J'ai cherché à le rassurer, lui expliquant que les sons produits par la glace, du fait du silence absolu alentour, ne sont parfois guère que des impressions. Ce que l'on entend d'ordinaire, c'est un bruit sourd, comme si quelque chose se fissurait sous nos têtes ; cela rappelle le son d'une énorme pierre dévalant une pente. J'ai conseillé à Patrick de se rendormir parce qu'il n'y avait pas de quoi s'inquiéter. Bien sûr, je n'étais pas complètement convaincu par mes propres paroles : en plein Arctique, il convient de se montrer attentif au moindre détail. Quelques minutes après, j'ai commencé à entendre moi aussi le bruit : le sol qui glisse en dessous de nous, puissant, inexorable, à une vitesse qui en été peut atteindre plusieurs centaines de mètres par jour. Pour comprendre la rapidité de ce déplacement, c'est comme si à Rome, on plantait sa tente place d'Espagne et qu'on se réveillait au matin Piazza del Popolo, à sept cents mètres de là. Patrick a réussi son coup : je ne suis pas parvenu à retrouver le sommeil. Je suis d'une part inquiet, de l'autre survolté. Les muscles tendus, je prête l'oreille au moindre bruit, même le plus imperceptible. Seul avec mes pensées, j'ai quasiment l'impression d'ausculter un dinosaure.

Le mouvement des glaces est un phénomène peu connu. Nombre de personnes croient que les glaces du Groenland (et de tous les autres glaciers) restent statiques. De la matière inanimée. En réalité, c'est le contraire. Comme nous l'enseignent les Grecs anciens, *panta rhei* : tout coule. Et la glace aussi, comme une rivière dense dont l'eau circule poussée par son propre poids. L'hiver, le mouvement est ralenti, quand elle est plus froide et moins fluide. Mais l'été, c'est comme descendre une pente glissante : aucun frein ne fonctionne. Pendant la saison « chaude », l'eau pénètre dans la glace à travers des fissures et fractures. Une fois qu'elle rejoint la roche sur laquelle glisse la glace, elle en lubrifie la surface, favorisant son accélération ultérieure.

Voilà à quoi je repensais tout en regardant les bottes que j'ai fini par réussir à mettre. Ce ne sont pas celles que j'utiliserai pour notre excursion. À hauteur de mollet, elles sont peu adaptées à la marche, mais parfaites pour la vie au camp. Leur rembourrage permet de protéger les pieds jusqu'à – 40 °C. Pourtant, les miens n'entendent pas raison et j'y ai froid depuis le moment où je sors de la tente jusqu'à mon retour en fin de journée. On me dit souvent : « Tu dois être habitué au froid, tu n'y fais même plus attention. » Hélas, c'est tout l'inverse : étant longiligne, je dispose de peu de masse pour m'aider à maintenir ma chaleur corporelle. Quant aux bottes que nous préférons pour les expéditions, elles sont conçues pour l'alpinisme ou la glace. Leur structure plus rigide favorise la stabilité des chevilles et réduit les risques d'entorse mais, en même temps, elles protègent moins du froid.

Une fois au-dehors, je m'installe sur le siège pliant près de l'entrée de la tente. J'ai très envie d'une bonne tasse de café fumant, mais mieux vaut attendre que tout le monde soit réveillé. Je reste à ma contemplation, presque comme si j'étais encore entre veille et sommeil. Je pense qu'il est impossible de quantifier par une valeur économique la chance – je ne trouve pas de mot plus adapté – que j'ai d'être face au paysage que j'observe. Ici, en silence, entouré de neige et de glace.

Quelqu'un ne connaissant pas l'Arctique aurait certainement des surprises, ne serait-ce qu'au premier regard. Je suis devant un paysage qui n'a rien de monotone ni de plat. Des dunes de neige de quelques mètres de hauteur s'alignent dans la direction principale du vent, plus ou moins comme dans un désert de sable. Quand nous avons monté les tentes, nous avons dû en tenir compte : évaluer d'où soufflait le vent, pour éviter qu'il ne tapisse nos abris d'une neige miroitante, comme recouverte de minuscules diamants. Le scintillement, qui me rappelle les immenses vagues prises par les surfeurs à Hawaï ou sur les plages de Rio de Janeiro, naît de la fragmentation des flocons de neige une fois tombés au sol. Le vent et d'autres facteurs les réduisent littéralement en petits morceaux qu'ils orientent au hasard. Ces flocons, ou plutôt ce qu'il en reste, agissent comme une multitude de petits miroirs qui, répartis sur une surface, réfléchissent la lumière du soleil dans tous les sens, d'où l'effet visuel.

En admiration, je continue d'observer la scène. Le voile de neige soufflé par le vent dessine des formes circulaires qui suivent le profil de la brise polaire. C'est comme si derrière moi se tenait un peintre ayant décidé d'ajouter ces touches au tableau que j'ai sous les yeux. Quelqu'un qui, après avoir mis de la couleur sur certains points à l'horizon, aurait décidé d'utiliser le pinceau comme une spatule. Le ciel turquoise – un turquoise unique du fait de l'atmosphère plus légère et moins humide que sous les latitudes méridionales – sert de toile de fond à mes pensées. C'est une couleur majestueuse qui, même si elle n'est pas dotée de la puissance des nuages chargés de pluie dans les campagnes anglaises ou de cette violence soudaine typique des orages équatoriaux, se manifeste comme une grande vague. Majestueuse mais ferme, consciente de sa grandeur et de sa force, sans aucun besoin d'en faire étalage.

L'immensité que le ciel embrasse dans ces endroits est ce qui le définit. Autocrates chromatiques qui ne laissent place qu'au bleu et au blanc, les deux éléments, ciel et glace, se partagent l'espace. J'ai un flash-back du moment où, revenant en hélicoptère de mon premier voyage au Groenland, j'ai revu, après tant de semaines, le vert de la toundra, le rouge et les différentes nuances de terre nue. C'est là que j'ai compris : j'ai eu l'impression que durant ces longues journées passées sur la glace, j'avais été en mesure d'entendre et de prononcer seulement certains mots. Comme si quelqu'un avait amputé une partie de mon vocabulaire des teintes et de ma personne elle-même.

Plaisante désolation que celle que la glace offre à ma vue. Un sentiment de paix, de tranquillité, au fond. Je me laisse envelopper par cet état à mi-chemin entre veille et sommeil, comme si j'étais une chaloupe flottant dans une mer calme. Ici, le temps tel que nous l'entendons ailleurs n'existe pas ; c'est quelque chose qui me rappelle le temps « géologique » de ma terre d'origine. Une montre ne me sert à rien : je ne peux pas regarder les dernières informations ou télécharger un nouvel album, ce qui n'aurait pas de sens. Ici, le passage des heures tel que nous sommes habitués à le vivre n'a aucune valeur.

La glace est un éléphant, moi une cellule. Ce qui constitue le Groenland implique des milliers d'années de formation : année après année, la neige qui s'amasse et ne fond pas en été est recouverte par une autre couche de neige. Le Groenland naît et se développe grâce à l'action de millions de minuscules particules, avec les flocons de neige qui s'accumulent peu à peu au passage du temps. Sous son propre poids, la neige se comprime, expulsant l'air et se transformant en glace jusqu'à atteindre la densité dont la valeur est un dogme pour les spécialistes : 917 kilos par mètre cube. Neuf cent dix-sept. Voilà le nombre magique, kabbale polaire. La structure géométrique de la glace laisse moins de 10 % du volume à l'air, tandis que le reste est occupé par de l'eau à l'état solide. C'est un processus constant que la formation d'un glacier, qui court sur des décennies, des siècles, des millénaires. À peine a-t-elle atteint une masse « critique » que la glace commence à s'écouler sous son propre poids. Encore une fois, la gravité, cette mystérieuse et fascinante force naturelle, forge le monde qui nous entoure.

Pour fondre, la glace met peu de temps. Le lent travail de fourmi de la nature est réduit à néant en une journée, parfois même moins. La vaste étendue gelée se meut selon un rythme naturel, en dépit de nous, cellules affolées de la société moderne qui nous déplaçons frénétiquement, cherchant à tout capturer avant l'apparition du prochain stimulus numérique sur l'écran de notre téléphone. Comme un virus qui attaque tout et tous, nous, petits êtres humains, avons réussi, avec les émissions de gaz à effet de serre et le réchauffement climatique, à menacer et mettre à genoux le majestueux Groenland lui-même.

Au centre de cette terre polaire, le plus souvent, là où elle est la plus épaisse, la glace peut atteindre près de trois mille mètres de hauteur, pour ensuite se réduire à quelques centaines de mètres le long de la côte, où elle conflue vers l'océan comme un fleuve de lave perlé. Les sections de glace plus profondes sont les plus anciennes, celles qui ont subi la plus grande pression et qui gisent sur la roche granitique depuis des milliers d'années. À mesure que la glace part vers l'océan et s'apprête à retourner à sa propre source, elle fond en surface, diluant une partie de sa mémoire avec la mer elle-même. Les strates de glace déposées à des périodes diverses sont déformées, ondulées, fondues ensemble par le mouvement continu, si bien que la surface se confond avec les racines.

Je repense aux derniers détails des expérimentations, répétant intérieurement les diverses actions à accomplir et à éviter. Nous sommes sur le point de recueillir les informations qui aideront à comprendre à quel point le changement climatique influence la fonte de ces glaces et comment celle-ci à son tour influence la hausse du niveau des mers. Nous allons étudier non seulement l'impact de l'augmentation des températures sur la formation et l'évolution des systèmes fluviaux et lacustres contenant l'eau dérivée de la fonte, mais aussi la façon dont le soleil – et le fait que la glace devienne plus « sombre » – joue un rôle fondamental. Nous savons toutefois que le Groenland est bien plus que tout cela. Nous sommes aussi là pour le découvrir, le savourer, nous en imprégner.

Je regarde et je rêve, je rêve et je pense. Je pense à mes origines, à mes racines, dont je crains parfois qu'elles n'aient été coupées quand j'ai quitté l'Italie. Je repense à cette partie du Sud d'où je viens : terre dure, riche, où les racines – pour tous ceux qui y vivent encore ou qui y sont restés liés, bien souvent sans même plus y résider – sont profondes. Des racines qui représentent un point cardinal de mon existence : quelque chose qui me définit et qui m'influence aussi dans mon pays d'adoption, les États-Unis, où j'habite la plupart du temps. Les racines lient, retiennent, enveloppent, écrasent ; elles nous donnent davantage de stabilité, mais rendent aussi plus difficile la représentation mentale d'un réel changement. On se transforme lentement, peu à peu, comme suivant le pouls d'une sève qui depuis la terre inerte irrigue le tronc, les branches et les feuilles.

La torpeur du matin, la fatigue accumulée et cette grosse envie – ou plutôt, ce besoin – de café me donnent presque des hallucinations un bref instant. J'imagine des racines qui s'enfoncent dans le sol gelé, mobiles, se déplaçant au fil des mouvements de la glace et du passage du temps. Par cette matinée froide de l'Arctique, je me sens à l'aise en suivant cette pensée : moi aussi, finalement, je me suis déplacé loin de mon lieu d'origine. Un mouvement nécessaire pour faire naître de nouvelles branches et de nouvelles frondes qui, à leur tour, ont pu croître en aspirant la sève des racines d'origine, se renforçant et s'allongeant grâce aux spores et aux autre matières séminales.

La glace, avec son dynamisme statique, me rappelle un peu moi-même.

2
LA MÈRE GROENLAND

L'eau du café bout presque. J'ouvre la boîte en métal hermétique qui contient le précieux mélange moulu et l'arôme se diffuse aussitôt dans la tente consacrée à la cuisine, renforcé par le manque de contraste avec d'autres odeurs, comme cela peut être le cas en ville. Je pose la poudre au fond de la cafetière à piston, verse l'eau et une mousse marron s'accumule à la surface. Je pose le couvercle, attends quelques minutes et appuie sur l'axe central du couvercle qui fait descendre le filtre vers le bas, séparant ce qui reste du mélange du liquide noir parfumé.

Les autres m'ont rejoint. Patrick, dont j'ai déjà parlé, Ian et Alison, des Anglais, très bons amis et experts en hydrologie, et Christine, qui étudie la vie extrême dans les glaces. Le café est un rituel, semblable à celui décrit par le maître Eduardo De Filippo comme « la poésie de la vie » dans sa mémorable scène du balcon de *Sacrés*

*Fantômes**. Pour l'accompagner, nous avons les autres aliments emportés avec nous dans l'hélicoptère : du lait en poudre que nous dissolvons aussi dans de l'eau, des céréales, des fruits secs, des noix, des variantes allant du sucre de canne fin à la confiture de mûres. Nous poursuivons le petit déjeuner avec du pain à la farine de blé dur, du beurre, de la confiture ou du beurre de cacahuètes, et entre-temps, nous préparons une deuxième tournée de café.

À mesure que les journées de l'expédition passeront, nous devrons nous contenter d'un petit déjeuner moins élaboré, toujours plus spartiate, créant des plats qui deviendront eux aussi des expériences scientifiques. Je regarde au-dehors : pendant que le café nous brûle le gosier à la première gorgée, le ciel vire du bleu cobalt au céruléen, le soleil s'élève de l'horizon – même s'il n'a jamais disparu entièrement – pour arriver au-dessus de nos têtes, comme attaché à un fil invisible qui ne le laisse pas s'enfuir.

Le soleil. Le principal responsable de tout : notre climat, notre présence sur cette planète, la fonte du Groenland et la hausse du niveau de la mer. Lui, avec la température du globe, qui a démesurément augmenté dans les années passées et transfigure lentement notre Terre bien-aimée dans une maison qui pourrait un jour ne plus être habitable par nous, êtres humains.

---

* Pièce du dramaturge et réalisateur napolitain très prolifique du XXe siècle relevant de la farce fantastique, ayant été comparée aux *Histoires extraordinaires* d'Edgar Poe. (N.d.l.T.)

Monsieur Soleil et Madame Lune, si fortement associés dans notre culture au masculin et au féminin, respectivement. Mais au Groenland, c'est l'inverse. Au milieu du blanc des glaciers, le soleil est féminin et la lune masculine. Pendant que le petit déjeuner se poursuit, je prends mon ordinateur portable où j'ai noté divers articles qui m'intéressaient, parmi lesquels certains sur la culture locale. Christine et Ian me demandent sur quoi je me concentre, aussi je commence à lire à haute voix.

La légende inuite raconte que Malina (le soleil) et Anningan (la lune), respectivement sœur et frère, étaient depuis leur prime jeunesse très unis, mais furent séparés une fois grands pour vivre dans les zones attribuées aux hommes et aux femmes. Un jour, pendant qu'Anningan observait les femmes, il se rendit compte que sa sœur était la plus belle de toutes. Il décida donc d'aller lui rendre visite dans son lit pendant la nuit. Profitant de l'obscurité, il abusa de la pauvre Malina, qui n'avait pas la moindre idée de son identité. Lorsque cela se reproduisit, Malina était prête : elle recouvrit ses mains de cendres de façon à tacher le visage du violeur et pouvoir le reconnaître le jour suivant. Elle attendit patiemment et, quand Anningan se détourna d'elle, elle lui recouvrit le visage de noir.

Le lendemain, Malina commença sa recherche parmi les hommes du village et, à son grand désarroi, se rendit compte que le coupable était son frère. Poussée par la colère, elle s'amputa les seins et les lui offrit en disant : « Si je te plais autant, alors mange-les ! » Sur ce, elle s'enfuit.

Anningan, lui aussi en rage, la poursuivit et tous deux se mirent à courir si vite qu'ils finirent par décoller : c'est ainsi qu'ils devinrent les deux astres qui encore aujourd'hui continuent à se suivre dans le ciel.

La légende raconte aussi que, pendant sa course, Anningan oublie souvent de manger, maigrissant jusqu'à disparaître chaque mois pendant trois jours (pour la nouvelle lune), puis il se restaure et reprend des forces pour continuer la poursuite. Je finis ma lecture et quand je relève les yeux, je vois que les autres me regardent, stupéfaits. Je sais, c'est une légende forte, aux nuances très violentes par les images et les faits, mais également une histoire emblématique qui nous révèle le rapport viscéral des populations locales avec la nature.

Le silence est revenu et j'ai presque l'impression d'être au sein d'un foyer. Nous en sommes à la moitié du repas à peu près et disposons d'encore un peu de temps avant de préparer nos sacs pour l'excursion. Je suis depuis toujours fasciné par les récits et légendes, surtout populaires. Je décide d'approfondir la mythologie inuite. Nombreux sont les mythes autochtones qui exposent le rapport de ces populations avec leur environnement, mais deux en particulier frappent mon imagination : celui d'Akhlout et celui de Nanouk.

Akhlout est l'esprit orque, qui peut aussi prendre la forme d'un gigantesque loup ou d'un hybride loup-orque. Cette bête, selon le mythe, est très dangereuse dès qu'elle s'aventure sur la terre ferme pour chasser des humains.

Son passage laisse des traces de loup qui proviennent de la mer et y retournent, signe qu'elle est sur la piste des proies aquatiques. C'est pour cette raison que quand les huskys, les chiens utilisés par les chasseurs pour tirer les traîneaux sur la glace, sont vus en train de se diriger vers l'océan ou d'y entrer, on les suppose possédés par les démons.

Nanouk, lui, est le seigneur des ours polaires. Les Inuits le pensent majestueux et puissant, moitié homme, moitié ours. Cet aspect du mythe dérive du fait que les ours ont tendance à poser les pattes arrière sur les empreintes déjà marquées par les pattes avant, afin d'optimiser la marche dans la neige et de ne pas s'enfoncer, donnant l'impression de se déplacer en position debout comme des hominidés. Les chasseurs vénèrent Nanouk de manière spéciale : ils croient que celui-ci peut décider si la chasse sera fructueuse. Ils estiment que les ours se laissent tuer parce que leur âme peut obtenir les dons qu'on leur offre après leur mort : si l'ours est un mâle, les chasseurs laissent sur la glace armes et autres objets pour la chasse, et si c'est une femelle, des aiguilles, un racloir et des couteaux. Si l'ours tué a été honoré comme il faut par le chasseur, alors son esprit partagera avec les amis la bonne nouvelle et, à l'avenir, les ours seront heureux (façon de parler) d'être tués par lui plutôt que par un autre.

Ian me tire de mon rêve éveillé sur la lune qui poursuit le soleil, pendant qu'un être mi-orque, mi-loup cherche à les dévorer en plein vol. Il me raconte qu'il y a peu, un ours polaire a été aperçu. Pas comme on voit « d'habitude » un ours dans les villages et les centres habités (toujours plus fréquemment à cause du changement climatique), c'est encore plus extraordinaire : de mémoire d'homme, on n'avait jamais repéré un ours polaire aussi loin de la côte. La rencontre, si on veut l'appeler ainsi, s'est produite à la station scientifique de Summit, au Groenland, située sur le point le plus élevé de l'île danoise, à près de trois mille mètres d'altitude et à plusieurs centaines de kilomètres de la côte. Summit est un camp de base permanent, un avant-poste de recherche scientifique en Arctique qui accueille régulièrement des dizaines de personnes, entre le personnel logistique et scientifique. Il consiste en une série de tentes personnelles pour la nuit, une structure centrale pour la cuisine et quelques tables de travail.

Pendant un moment, je suis pris d'une sensation d'égarement et de vertige du fait de l'altitude et de la raréfaction de l'air que j'avais connues la dernière fois que j'ai visité Summit, il y a quelques années. À l'époque, on était en motoneige durant une semaine d'affilée pour le recueil de données et, bien que ce soit le plein été, les températures avaient atteint les – 25 °C. L'ours de Summit, selon la note que nous avions reçue, avait été vu en train de « flairer » dans les tentes personnelles, semant la panique et le désarroi parmi les occupants du camp. Nous nous regardons, abasourdis, tout en avalant nos dernières bouchées de petit déjeuner : qu'est-ce qui a donc poussé cet animal aussi loin de la côte ? Dans quelles conditions est-il arrivé là-haut ? Dans un moment d'empathie, nous pensons aux efforts incroyables que l'animal, si robuste soit-il, a dû fournir pour arriver à ce camp sans possibilité de se nourrir sur le trajet.

Je me souviens qu'avant le départ, certains collègues disaient qu'au printemps précédent, l'expansion de la glace marine était bien en deçà de la moyenne, établissant ainsi un nouveau record. Je regarde Ian, longiligne, les yeux bleus, gentleman anglais ayant à peine atteint la cinquantaine, et je comprends à son expression qu'il pense la même chose. Peut-être, suggère-t-il, que l'excursion inattendue de l'ours est due à une tentative désespérée de suivre les odeurs qui lui sont parvenues depuis la station par les vents descendant les côtes du Groenland. Après tout, les ours polaires sont célèbres pour leur odorat, puissant au point qu'ils peuvent repérer un phoque sous un mètre de glace et à plus d'un kilomètre et demi de distance.

Christine, la plus expérimentée parmi nous en matière de biologie, secoue la tête. Les yeux verts, le regard toujours fier, des manières fermes acquises avec des années à se faire une place dans le monde universitaire, où les femmes sont encore en minorité.

« Impossible », affirme-t-elle.

Même avec un odorat aussi développé, aucun animal ne serait capable de suivre une telle piste. Patrick relève les yeux de son bol, sa barbe rousse quasiment en contact avec le lait, oscillant dans le mouvement. Il regarde de bas en haut, assis sur l'une des caisses contenant les instruments. Il suggère une autre hypothèse : l'ours aurait suivi les traces olfactives laissées par des convois utilisés à terre – quoique de manière peu fréquente – pour le transport de matériaux lourds et le recueil de données. Ou peut-être, me dis-je, l'animal a-t-il perdu son chemin et a-t-il marché sans raison dans la direction opposée à la côte pour ensuite flairer les odeurs et les suivre jusqu'à Summit.

Nous ne réussissons pas à trouver d'explication et, en bon groupe de scientifiques qui cherchent toujours une réponse à tout, nous sommes un peu frustrés. Cette frustration se transforme en tristesse quand Ian nous révèle qu'après plusieurs tentatives de l'éloigner de la base, le mammifère a été abattu. J'exprime mon désaccord, je me demande pourquoi ils n'ont pas essayé de l'endormir pour le transporter jusqu'à la côte. Après tout, les vols qui relient la base utilisent les C-130 qui ont assez d'espace, que ce soit pour l'ours ou pour une cage aux bonnes dimensions. La seule réponse que nous réussissons à donner à cette interrogation est que le coût d'une telle opération aurait été trop élevé et que la vie de l'ours n'était pas considérée comme « précieuse ».

Pendant que nous cherchons toujours à élucider le mystère de l'apparition de l'ours, je repense à un épisode récent en Antarctique, à l'autre bout du monde. Dans ce cas-là, le mystère consiste en la disparition de plus de cent mille manchots Adélie près du cap Denison, promontoire rocheux situé aux abords de la baie du Commonwealth. Le nom du promontoire vient de Sir Hugh Robert Denison, l'homme qui, il y a un siècle, avait financé l'expédition australienne de Douglas Mawson et avait défini ce lieu comme « l'endroit le plus venté du monde ».

En 2011, les pingouins de la colonie étaient plus de cent mille, peut-être cent cinquante mille, alors qu'aujourd'hui, il n'en reste que quelques milliers. La faute, si on veut l'exprimer ainsi, revient à B09B, qui n'est pas le nom d'un robot de Star Wars, mais celui d'un iceberg géant de près de cent kilomètres carrés qui, après vingt ans passés à la dérive, s'est arrêté juste dans la baie du Commonwealth. L'iceberg a ainsi fermé l'accès à l'océan aux manchots aux yeux bordés de blanc, où ils étaient habitués à pêcher, les contraignant à de longs voyages d'au moins soixante kilomètres pour se procurer leur nourriture, et autant pour revenir sur leurs pas et nourrir leurs petits.

Personne ne sait ce qui est réellement arrivé aux manchots et pourquoi ils ont disparu mais, pour l'instant, l'hypothèse la plus pessimiste est qu'ils ont été décimés à cause de l'impossibilité de manger. Il en existe une autre, moins dramatique et peut-être plus vraisemblable : la colonie d'oiseaux se serait déplacée à la suite d'un événement catastrophique. Je hausse les épaules en silence : qui sait si quelqu'un découvrira un jour la vérité.

Nous nous sentons pleins d'énergie et n'écoutons plus le froid. Nous voilà complètement réveillés. Pendant que nous débarrassons la table et faisons la vaisselle, nous nous remettons à parler des Inuits. L'un des premiers groupes d'Inuits à s'établir ici fut celui de Thulé, arrivé le long des côtes il y a environ huit cents ans. Extrêmement adaptables à ces environnements, ces hommes et femmes avaient poussé vers l'est par le détroit de Béring pour rejoindre le Groenland. Selon une légende, ils avaient entendu parler du fer et de ses merveilleuses propriétés pour fabriquer des ustensiles, et ils étaient convaincus que ce matériau pouvait se trouver dans les météorites du Groenland septentrional : la légendaire « Ultima Thulé ». Comme les Égyptiens, ce peuple avait découvert que les énormes pierres tombées du ciel contenaient un matériau précieux ayant le pouvoir de changer l'histoire de l'humanité. Les Inuits étaient jaloux de leurs météorites, et à juste titre. Après qu'ils eurent montré à l'amiral Peary le lieu où gisaient les météorites, celui-ci les chargea (sans demander la permission) sur un bateau pour New York et elles sont à présent exposées à l'American Museum of Natural History. Pensez-y si jamais vous vous retrouvez devant : vous observerez le butin d'un vol jamais sanctionné.

Le peuple de Thulé était composé de chasseurs de baleines et de phoques et il fut probablement le premier à introduire les chiens au Groenland, inaugurant ainsi la tradition des courses de traîneaux qui existe encore aujourd'hui. Les chiens étaient utilisés (comme de nos jours) pour rejoindre l'endroit de chasse. Cependant, les températures en Arctique ont augmenté avec le temps et continuent sur cette tendance, à une vitesse double de celle de la planète, mettant en danger l'écosystème tout entier, y compris ces traditions. Les locaux, descendants de la culture de Saqqaq qui avait colonisé la zone il y a quatre mille ans environ, nous disaient également que les chasseurs doivent récupérer les phoques dans les filets dans les quelques heures après la prise, car des vers et parasites jamais vus auparavant attaquent les carcasses, les détruisant en quelques heures. Les chasseurs pensent que ces êtres vivants se sont déplacés vers le nord à cause du réchauffement de l'eau.

Une autre menace pour ce peuple vient de l'impact du changement climatique sur son économie. Les camps plus petits du Nord-Ouest du Groenland aussi disposent de l'énergie électrique, bien qu'une petite partie soit alimentée par des générateurs au diesel. Pour pouvoir se permettre l'électricité, il est nécessaire qu'au moins un membre de chaque famille ait une occupation stable rémunérée. Dans la majeure partie des cas, ce membre est une femme, qu'elle soit épouse, fille ou mère. Les travaux assurés par les femmes permettent ainsi aux hommes de continuer à chasser à plein temps. Une des conséquences de cette division du travail est que les femmes de Thulé perdent leurs connaissances des techniques ancestrales (par exemple la couture et le traitement des peaux) plus rapidement que les hommes qui, de leur côté, se retrouvent contraints d'utiliser des moyens de plus en plus modernes, comme les motoneiges et les fusils, plutôt que les chiens et les harpons.

Passionné de musique de tous styles comme je le suis, je ne résiste pas à la tentation d'évoquer la culture musicale groenlandaise. (D'ailleurs, nous nous entendons bien sur ce point : Patrick est un très bon pianiste classique, je joue de plusieurs instruments et Ian a une voix de rossignol quand il entonne un air de Queen.) Les Inuits du Groenland partagent une forte tradition musicale avec leurs voisins des terres canadiennes du Yukon, du Nunavut et autres territoires du Nord-Ouest, ainsi que de l'Alaska. La musique groenlandaise inuite, basée sur le chant et les percussions, est généralement réservée à de grandes fêtes et autres réunions importantes. Les premiers enregistrements remontent à 1905 et on la joue encore à l'heure actuelle. Les tambours groenlandais sont faits de peau animale tendue sur un cadre de bois, décoré de motifs symbolisant le musicien. Récemment, on a commencé à utiliser la harpe et le violon, sans doute à cause des interactions accrues avec d'autres cultures. Les danses des tambours groenlandais se basent sur les mouvements d'un danseur. Pendant que la musique est jouée, il improvise, généralement dans un *qaggi* : une maison de neige construite spécialement pour des événements communautaires tels que celui-ci. L'habileté du musicien est évaluée soit à sa résistance au long spectacle, soit à la nature de ses compositions. Les danses du tambour sont un élément important pour la cohésion culturelle inuit groenlandaise et fonctionnent comme l'expression personnelle et un pur divertissement : si elles sont habituellement détendues et conviviales, ces occasions peuvent mettre en scène une réelle compétition, avec les deux concurrents qui chantent et dansent de manière parodique, se moquant l'un de l'autre et soulignant les défauts de l'adversaire. Cet aspect donne parfois lieu à des vendettas régulières entre familles ou individus en guerre entre eux : les battus sont préparés à l'avance et la personne qui récolte le plus de rires dans le public est considérée victorieuse.

Patrick, qui a étudié la situation sociale du Groenland, nous parle du taux de suicide très élevé dans cette zone (quatre-vingts suicides pour cent mille personnes en moyenne, plus du double du pays suivant : la Lituanie). En réalité, le Groenland n'apparaît quasiment jamais dans les statistiques, du fait qu'il n'est pas considéré comme un vrai pays, mais comme une région du Danemark, lequel a un taux avoisinant les neuf suicides pour cent mille habitants, soit bien moins qu'au Groenland.

Le nombre de suicides au Groenland a commencé à croître dans les années 1970, principalement en ville, où il a atteint un pic de cent sept pour cent mille habitants en 1994. Dans ce drame collectif, la part de responsabilité de l'isolement géographique, de la basse densité de population et du climat n'est pas claire. À tout cela s'ajoute un autre élément inquiétant : la plupart des Groenlandais qui se suicident sont des adolescents et des jeunes (ce qui n'est pas le cas dans la plupart des autres pays, où les personnes âgées dominent les statistiques). Un sondage paru en 2008 a fait valoir qu'une jeune fille sur quatre au Groenland a déjà tenté de se tuer au moins une fois. On soupçonne que les adolescents choisissent cette voie pour la même raison qui dirige bien d'autres de leurs choix : faire comme les copains. Cette interprétation est évidemment trop simple et banalisante. Nous réfléchissons en silence. J'organise mon sac à dos et me rassieds, attendant que les autres aient fini de se préparer.

3
LA COULEUR DU GROENLAND

Les nuages se dissipent tout d'un coup, laissant la place à une lumière aveuglante. C'est l'omniprésent soleil estival du Groenland, vif, limpide, comme un phare ne montrant ni l'est ni l'ouest, qui tourne en permanence au-dessus de nos têtes comme une fronde. Parce qu'il est bon de le rappeler : le soleil ne se couche jamais en été et ne se lève jamais en hiver. C'est dû à l'inclinaison de l'axe de rotation de notre planète qui expose l'hémisphère nord en été et l'hémisphère sud en hiver. Pour faire une petite expérience toute simple, embrochez une pomme sur un couteau et prenez une lampe. Si vous illuminez la pomme avec la lampe depuis la droite et que vous orientez le manche du couteau vers votre gauche, vous verrez que seule la portion supérieure de la pomme est illuminée alors que l'inférieure ne l'est pas. Répétez l'opération en déplaçant le « soleil » de l'autre côté et la zone inférieure sera illuminée pendant que la supérieure sera dans le noir.

Voilà, c'est ce qui arrive à notre planète. Ici, le soleil ne nous sert pas à nous orienter ; même nos boussoles sont quasiment inutiles, parce que le pôle magnétique et le pôle géographique ne coïncident pas et que, plus nous approchons de ce dernier, plus la confusion entre les deux augmente. Imaginez-vous pointer en direction des États-Unis depuis votre fenêtre et utiliser le Canada comme point de repère : plus vous vous approcherez du continent nord-américain, plus l'imprécision augmentera.

Nous sommes à peine sortis du camp de base et nous nous dirigeons vers le premier des points de recueil de données sur la « couleur » du Groenland. Je n'arrive même pas à ôter mes lunettes de vue à temps pour les remplacer par les verres solaires. Je suis complètement ébloui. Pour que ça arrive, il n'y a même pas besoin de regarder le soleil directement, il suffit d'ouvrir les paupières d'un coup et c'est comme si un flash de vieil appareil photo nous éclatait au visage. Le faisceau de lumière est si puissant et rapide qu'il ne laisse pas le temps à la pupille de se contracter pour éviter l'éblouissement. Les zones qui entourent notre camp, encore presque complètement recouvertes par la neige, réfléchissent les rayons du soleil à trois cent soixante degrés et je sens que mes yeux en sont frappés comme si quelqu'un m'avait pointé un rayon laser dessus.

Malgré tout, je peux m'affirmer chanceux. Si ç'avait été de la neige fraîche, formée de flocons à peine tombés, l'énergie reçue par mes yeux aurait été sensiblement plus grande. Il s'agit d'une question purement physique : la neige fraîche réfléchit près de 90 % du rayonnement solaire. Pour résumer, nous pouvons utiliser cette image : c'est pratiquement la même chose de regarder le soleil en face ou de fixer la neige fraîche durant une journée ensoleillée.

Les flocons de neige fraîche sont petits, cunéiformes et – même si à première vue, il n'y paraît pas – plutôt différents de ceux gros et ronds de la neige plus ancienne, qui a déjà subi plusieurs cycles de fusion et de regel. Le rayonnement reflété par le manteau neigeux dépend de la durée du trajet de ces minuscules particules appelées photons qui transportent l'énergie ; plus le parcours des photons à travers la glace est court, plus la quantité d'énergie absorbée par la neige est petite et la quantité reflétée grande.

Par chance, la neige qui entoure notre camp, celle que nous voyons quand nous sortons des tentes, n'est pas aussi brillante, bien que tout le monde ne soit pas d'accord. Christine et Alison me font remarquer qu'elles ne perçoivent aucune différence entre cette neige et la fraîche tombée quelques jours avant seulement. Difficile, au Groenland, de séparer de façon nette la perception et la réalité, en effet. J'ébauche un sourire, repensant à l'un de ces autocollants que les Américains adorent coller sur les pare-chocs de leurs voitures surdimensionnées à un point grotesque. C'est un adage populaire dont les origines se sont perdues : « Ne crois pas à tout ce que te dit ton cerveau. »

Je dois dire que c'est une phrase qui ne me déplaît pas ; manifestement, elle se réfère de manière générique au fait que nos pensées sont fortement conditionnées par notre environnement et que nous devons toujours nous méfier. Mais pour des gens qui, comme moi et d'autres membres de l'expédition, sont habitués aux règles (y compris tacites) du monde universitaire et scientifique, elle a une signification plus précise : ne jamais accepter les notions comme des paradigmes dogmatiques, mais chercher à toujours tout envisager de manière critique. Dans le monde scientifique, nous testons des hypothèses et modèles, nous ne cherchons pas des vérités absolues et non sujettes à controverse.

De toute façon, ici, même les certitudes les plus ancrées peuvent vaciller. Ce que nous voyons – et par là tout ce que nous percevons de la réalité qui nous entoure – peut ne pas correspondre aux phénomènes qui demeurent insaisissables pour nous. Un exemple le montre plus clairement que les autres : la couleur de la glace.

Voici un souvenir personnel. Quand je suis revenu de ma première expédition au Groenland, ma sœur Samantha, un peu plus jeune que moi, m'a tendu un atlas comme ceux qu'on utilisait du temps où on était à l'école. Elle l'avait trouvé en fouillant dans les souvenirs de notre adolescence conservés par nos parents dans une vieille armoire avec nos livres du lycée, nos cahiers de primaire, nos gribouillages et autres papiers jaunis par le temps, mais qui demeurent vifs dans mon esprit. C'était un vieil atlas imprimé du temps où l'Union soviétique existait toujours et que l'Union européenne n'était pas encore à l'horizon.

Samantha, montrant le profil immaculé de l'île sur la carte, m'a demandé à brûle-pourpoint, alors que je n'avais même pas encore enlevé mon blouson :

« Mais le Groenland, est-ce si blanc que ça ? Ça ne devrait pas être plus sombre ? »

La question de Samantha n'est pas du tout idiote. Nous tendons presque tous à penser que la neige et la glace sont blanches mais, en réalité, ce n'est pas le cas. Pas exactement. Il est vrai que le Groenland est recouvert de neige pendant l'hiver et que la glace est certainement plus « claire » que la forêt ou la roche typique, mais elle n'est pas pour autant blanche.

La couleur du Groenland est déjà présente dans son nom : *Kalaallit Nunaat*, c'est-à-dire « la terre des hommes » ou « terre des Kalaallit », les indigènes inuits qui habitent la zone ouest de l'île. Avec le temps, ce nom est devenu le danois Grønland, « la terre verte ». Un nom qui, selon des sources historiques et des légendes, a été donné par le fameux explorateur viking Erik le Rouge lui-même. Erik Thorvaldsson, qui vécut au tournant du premier millénaire, est le protagoniste de la plus célèbre des sagas médiévales islandaises, appelé « le Rouge » du fait de sa chevelure et sa barbe rousses. Une saga connue de quiconque affronte la glace groenlandaise.

L'histoire commence quand le père d'Erik, Thorvald, est banni de Norvège avec la grave accusation d'homicide. Le petit Erik a seulement dix ans et, ayant laissé derrière lui les compagnons de jeu de sa patrie natale, se retrouve à vivre avec sa famille à Hornstrandir, un village d'Islande du Nord-Ouest. Mais tel père, tel fils : Erik aussi, une fois arrivé à l'âge adulte, tue un autre être humain. Nous sommes en l'an 982. Les Islandais condamnent Erik à un exil de trois ans, au cours desquels les rencontres, les violences et les condamnations se multiplient autant que les récits de ses entreprises : pour tous les passer en revue, les longues nuits d'hiver de l'Arctique ne suffiraient pas. Parmi les diverses légendes sur « l'exilé », je dois au moins rappeler celle qui raconte le baptême du Groenland.

Un nom né d'une blague ou presque, comme si l'un des géniaux bouffons influencés par la farce médiévale et la commedia dell'arte y avait mis sa patte. Ayant accosté sur l'île à la suite de son exil, Erik, contemplant la lande stérile face à lui, comprend qu'il faut échafauder quelque chose de génial pour attirer de nouveaux colons sur ce glaçon. C'est ainsi qu'avec une intuition de magicien du marketing avant la lettre, il invente le nom de Grnfland (dont dérive l'anglais Greenland) : terre verte. Voilà le nom qui sillonnera les mers, évoquant aux oreilles des pauvres marins les primeurs et les champs à cultiver. Chaque fois que je pense à Erik, je l'imagine ainsi, un sourire complaisant aux lèvres grâce à sa trouvaille.

D'autres sources historiques – mais sur les événements survenus au plus profond du Nord du monde au tournant du millénaire, personne ne peut affirmer avec certitude détenir la vérité – suggèrent que le Groenland a été en fait baptisé Gruntland, comme noté sur certaines cartes anciennes : le « vert » du Groenland serait en fait une erreur de traduction car le mot *grunt* signifie terrain. Ce ne serait donc pas « terre verte » mais « terre recouverte de terrain ». Quelle que soit la véritable origine du nom, l'idée de la « couleur » du Groenland (vert ? blanc ?) stimule l'imagination de beaucoup. Scientifiques, explorateurs et profanes comme Samantha.

Aborder la question de la vraie couleur du Groenland n'est pas un pur exercice mental, historique, ou un jeu pour occuper les nuits d'insomnie au milieu des glaces. Et ce n'est pas non plus seulement une question d'esthétique ou d'histoire. La couleur du Groenland est en fait fondamentale, même pour notre bonne vieille Terre. La raison est liée, encore une fois, au soleil : l'énergie solaire est partiellement absorbée (ou reflétée) de manière différente par les matériaux qui couvrent la surface du globe. La neige fraîche, comme nous l'avons déjà illustré précédemment, réfléchit jusqu'à 90 % de l'énergie provenant du soleil – ce qui la rend plus éblouissante – et, par conséquent, en absorbe très peu.

De tout cela découle que la neige fraîche fond plus difficilement que la vieille, parce que le processus de fonte advient quand la neige absorbe suffisamment d'énergie pour faire passer l'eau de l'état solide (c'est-à-dire la glace) à l'état liquide. Pour la même raison, à l'opposé, les feuilles d'un arbre sont plus sombres que la neige et réfléchissent davantage la lumière verte (motif pour lequel elles apparaissent vertes à nos yeux) et se réchauffent donc plus rapidement. Imaginons nous trouver en plein désert et avoir la possibilité de choisir de mettre un tee-shirt blanc ou noir : quel est le meilleur choix si notre objectif est de ne pas avoir trop chaud ? La réponse est (évidemment) banale, mais ce n'est pas moi qui vais vous la donner.

Autour de moi, la neige est enveloppée d'une couche jaunâtre mais, au moins, ce n'est pas l'effet du réchauffement climatique, seulement celui des lunettes de soleil. Elles ont été réalisées expressément pour cette mission et, outre les verres progressifs pour me protéger les yeux de la lumière directe, elles sont dotées tout autour de la monture d'une couche de matière spongieuse qui s'adapte parfaitement à mon visage. Et surtout, elles ne laissent pas filtrer la lumière se réfléchissant dans toutes les directions qui, comme je le disais, serait aussi fatale que la lumière directe du soleil. Quand je les revêts, je me sens comme si j'entrais sous le tunnel d'une autoroute italienne, où je suis entouré d'une lueur orange surréaliste.

Les diverses surfaces terrestres réfléchissent l'énergie solaire de manière unique pour chacune et se caractérisent par une sorte d'*empreinte digitale spectrale*. Ce terme indique une propriété qui varie avec le spectre électromagnétique, c'est-à-dire que selon la longueur d'onde des rayons solaires, les objets qui nous apparaissent rouges, par exemple, réfléchissent davantage les rayons rouges tandis que ceux qui nous apparaissent blancs, comme la neige, réfléchissent les rayons en différentes longueurs d'onde, si bien que leur association fait paraître la neige blanche à nos yeux.

L'empreinte spectrale se modifie au cours de la vie d'un objet, un peu comme la couleur de nos cheveux qui change avec l'âge ou comme les anneaux du tronc d'arbre qui s'accumulent et se transforment en fonction de la phénologie et de l'âge de la plante. Pour la neige et la glace, c'est la même chose toute simple qui se produit : on peut distinguer la neige tout juste tombée au sol de celle de l'année précédente en « lisant » ce qui est en fait de véritables empreintes digitales. Les données que nous récoltons ici sont les mêmes que celles que les satellites collectionnent au-dessus de nos têtes et elles servent exactement à cela : comprendre les conditions de la neige et de la glace par leur empreinte spectrale, c'est-à-dire par les courbes qui caractérisent de manière unique chaque matière de l'univers. Le graphique qui apparaîtra à l'écran montrera un point pour chaque couleur, pour chaque longueur d'onde, en une alchimie numérique qui transforme l'interaction des photons avec la neige en langage scientifique et visuel. Une fois les informations téléchargées dans nos ordinateurs, nous identifierons quelles empreintes (et donc quelles conditions de la neige) se combinent le mieux avec les données des satellites, de façon à nous fournir une carte de l'état de la neige et de la glace sur toute l'immense étendue groenlandaise. En outre, nos données à terre seront utilisées pour la « validation » des données satellitaires, autrement dit pour évaluer la qualité des données récoltées depuis l'espace. Ces « appareils photos » spéciaux capturent les images à une hauteur de près de huit cents kilomètres au-dessus de nos têtes, tout en voyageant à une vitesse de plus de vingt mille kilomètres par heure. Les images sont ensuite envoyées aux stations sur terre, où elles sont contrôlées et distribués aux scientifiques gratuitement via le web.

Dans un article que nous avons publié il y a quelque temps, nous avons démontré qu'à partir de 1996, le Groenland est entré dans une nouvelle phase. L'albédo, c'est-à-dire le rapport entre les rayons lumineux réfléchis et l'incidence lumineuse, diminue peu à peu. La glace absorbe à elle seule jusqu'à 70 à 80 % des rayons solaires. Par conséquent, à mesure que la glace située sous le manteau neigeux se découvrait, le Groenland a de plus en plus absorbé de rayons solaires, avec pour résultat final une fonte plus importante. J'appelle ce phénomène le « cannibalisme par la fonte ». À mesure que la glace, plus sombre que la neige, est exposée, se crée une réaction en chaîne qui provoque à son tour une hausse de la fonte : plus grande est la fonte, plus la zone de glace exposée augmente, du fait du déplacement du manteau neigeux, et plus la fonte est importante. Quand elle reste découverte, la glace (sombre, rugueuse, qui accepte l'énergie du soleil à bras ouverts) fond encore plus rapidement sous le double effet de la hausse des températures et des plus grands rayonnements absorbés. La fonte s'étend ainsi progressivement et ce processus s'est intensifié récemment : l'élévation anticipée des températures au printemps a favorisé un début prématuré du cycle de fonte de la neige, ce qui en facilite donc la disparition. À son tour, ce phénomène a exposé la glace sous le manteau neigeux avant le moment habituel, favorisant la fonte et augmentant la quantité de glace qui passe à l'état liquide par rapport aux années antérieures.

Il existe encore un facteur qui influence la « couleur » du Groenland. Il s'agit de la présence de poussières minuscules et de cendres qui sont déposées de manière continue sur la superficie par la neige, transportées par le vent et les précipitations. Les sources de ces particules sont multiples et disparates : des grains de sable en provenance du désert de Gobi aux cendres issues d'éruptions volcaniques, des incendies du Nord de la Sibérie aux résidus de météorites. Quand la neige fond, ces particules sont en partie dispersées avec l'eau qui coule peu à peu, et le restant demeure à la surface de la glace ; ainsi, plus la neige fond, plus les particules tendent à s'accumuler sur la surface, la rendant toujours plus sombre. C'est un peu comme ce qui se produit pour la glace exposée : l'augmentation progressive de la fonte favorise l'accumulation accrue des particules sombres à la surface, qui à son tour, augmente la fonte en un cercle vicieux. Les particules sombres absorbent davantage l'énergie solaire que les flocons de neige. Un autre exemple de réaction en chaîne glaciaire.

Pour revenir à la perplexité de Christine et d'Alison, il y a peu, dans ce cas, ce sont les flocons de neige qui sont les acteurs principaux : des flocons dont la dimension grossit quand la neige est soumise aux cycles de fonte et de regel. À peine la neige commence-t-elle à fondre que la présence d'eau à l'état liquide dans le manteau neigeux agit comme un mastic pour les flocons de neige, qui restent en quelque sorte collés entre eux grâce à la strate légère d'eau solidifiée qui se forme lors de la recongélation de la neige. Un processus qui altère la capacité de la neige à absorber les rayons solaires : plus les flocons sont gros, plus l'absorption est grande. Dans ce cas-là aussi, donc, nous nous trouvons face à une autre réaction en chaîne, mais avec une différence : bien que la neige absorbe davantage d'énergie, elle apparaît à nos yeux quasiment inchangée. En effet, la modification ne concerne pas la gamme des couleurs visibles à l'œil humain, mais une bande différente, qui en jargon technique se nomme infrarouge proche. « Ne crois pas ce que te dit ton cerveau. »

Nous avançons dans la lumière, vers notre objectif quotidien : la récolte de données. Nous nous dirigeons vers le lieu de relève armés d'un instrument spécial, le spectromètre, qui représente une sorte d'extension artificielle de nos sens, nous permettant de voir ce que nous ne pourrions distinguer autrement. Tout en avançant, je repense encore à Samantha et à ses questions sur la couleur. Bien que je pense que le Groenland est une étendue immense et désolée de neige pure aveuglante, la présence de particules sombres à la surface, l'augmentation de corps étrangers dans la neige et la glace la rendent plus sombre, même quand rien ou presque ne semble changer à nos yeux.

L'été, quand le soleil arctique est omniprésent et rayonne constamment sur la surface gelée, l'effet du rayonnement solaire combiné à l'assombrissement du Groenland accélère la fonte des glaces. Étant donné que les phénomènes évoqués plus tôt sont amplifiés par l'augmentation de la fonte des glaces, la conclusion est à peu près évidente : la hausse des températures en Arctique, qui émerge des projections scientifiques pour les prochaines décennies, ne fera que favoriser la fonte.

Ici, les températures augmentent à un rythme deux fois plus élevé que la moyenne de toute la planète, transformant ce qui était le réfrigérateur de la Terre en une immense éponge imbibée qui ne réussit plus à retenir l'eau et la relâche dans l'océan. En Arctique, même quelques petits degrés peuvent faire une différence énorme. Si dans le désert ou en ville, un degré semble peu changer les choses, ici, il modifie le système entier : de solide et congelé à liquide et fondu. La fonte dans les glaciers du Groenland, dans le terrain gelé, dans la glace marine, altère non seulement la flore et la faune locales, mais aussi l'écosystème de nos océans. Je me rapproche du point de recueil de données en pensant à quel point ils sont précieux : en jeu, la planète elle-même.

4

LES HÉROS OUBLIÉS DES GLACIERS

« Ce n'est pas juste, ce n'est pas juste. »

Je continue de bafouiller ces mots quand Ian me tire du demi-sommeil dans lequel j'étais plongé un moment. Je rêvais les yeux ouverts. Nous sommes très fatigués à cette latitude. Après tant d'efforts physiques, je suis capable de commencer à rêver à peine nous nous arrêtons : quelques minutes et je pars en terres oniriques.

Je rêvais du moment où j'ai quitté l'Italie, ou plutôt de l'un des moult épisodes restés gravés dans ma mémoire. J'étais à Florence, à un arrêt de bus du côté de Santa Maria Novella, en direction du siège du Conseil national de la recherche (je venais de terminer mon doctorat), quand je me trouvai à discuter avec un homme à peine rencontré. Nous parlâmes de tout et de rien et je l'informai que, d'ici quelques jours, je partirais pour les États-Unis afin de commencer un nouveau travail. À mon accent, l'inconnu avait tout de suite compris que je venais du Sud et, avec un regard que je n'oublierai jamais, à la fois plein de commisération et de condescendance, il me demanda d'un ton méprisant : « Tu pars dans l'espoir de faire fortune comme serveur ? »

Ma première réaction fut la compassion pour cette personne encore si liée culturellement à l'image de l'émigrant méridional « obligé » de quitter sa terre d'origine. Un premier sentiment soudain remplacé par un mélange de colère et de frustration. J'étais irrité, mais je décidai de jouer le jeu : après avoir loué son don pour les devinettes, je pris congé en lui demandant une carte de visite. Deux semaines plus tard, je lui envoyai un mail depuis mon adresse de la Nasa, lui exposant ma situation et le priant à l'avenir de ne pas juger sur les apparences.

Peut-être ai-je exagéré. C'était un autre temps. J'étais toujours sur le pied de guerre, prêt à défendre les fondements d'une vie nouvelle que je construisais lentement. J'étais très sensible aux affirmations pouvant d'une façon ou d'une autre être offensantes envers mes origines, mon histoire passée. J'ai été un « émigrant » pendant une grande partie de ma vie. Tout d'abord à Naples pour mes études d'ingénierie électronique, où, malgré la courte distance, j'étais souvent surnommé l'émigrant hirpin. (Ce qui semble absurde, mais en réfléchissant, pas tant que ça : Napolitains et Hirpins sont des souches différentes, bien que les villes soient séparées par une distance inférieure à celle qui va de mon appartement new-yorkais à l'aéroport JFK de la même ville.) Ensuite, lors de cet épisode à Florence, où l'adjectif hirpin s'est transformé en méridional. Enfin, aux États-Unis, où l'intégration (raciale, de genre, de culture) est certes plus développée qu'en Italie, mais où demeurent, dans le même temps et le même lieu, des poches de cette Amérique rétrograde et ignorante qui fonde son identité sur la discrimination sociale et raciale.

Je tranquillise Ian, lui assure que tout va bien. Je lui explique en quelques mots de quoi je rêvais. Un instant, il me regarde avec confusion, mais ensuite, il garde un silence respectueux et empathique. Pendant que nous marchons, il reste à côté de moi : nous sommes seuls, les autres derrière. Nous avons à peu près le même âge, lui et moi, sommes tous deux divorcés avec des enfants presque ados. Il existe une certaine complicité entre nous, dans des moments comme celui-ci, j'ai l'impression d'arriver à partager avec lui des sentiments parfois inconnus même de moi : des sensations qui émergent dans le paysage de l'âme comme les *nunataks*, les cimes des montagnes enfouies dans la glace qui pointent dans l'étendue blanche qui nous entoure. Ian jette un coup d'œil vers les autres. Ils sont assez près pour être « en groupe », mais suffisamment loin pour ne pas nous entendre. Nous continuons à parler. Quand je suis là, je pense à mes enfants plus que d'habitude, des filles dans un monde gouverné par les hommes. Je me demande ce que je peux faire pour être proche d'elles, les aider à atteindre leurs rêves, leur insuffler le courage nécessaire pour aller de l'avant dans la vie. Je pense aussi à Anitra, ma compagne actuelle. Américaine, de mère mexicaine et de père afro-américain, elle me relate souvent les injustices raciales et sociales auxquelles elle assiste et a assisté.

Qu'est-ce que le courage, finalement ? Comment le mesure-t-on ? Sur la base de quelles valeurs ? Avec quelle échelle ? Pour combien pèsent les possibilités économiques et les origines sociales ? Dans mon esprit tourne la partie cachée de l'histoire de l'exploration polaire, celle qui a pour protagonistes non les fameux explorateurs nordiques, mais ceux qui sont toujours restés loin des feux des projecteurs : ceux qui appartiennent aux minorités, souvent oubliés des chroniques des grandes découvertes.

Parmi eux, Matthew Alexander Henson est certainement l'un des personnages les plus fascinants de ceux qui se sont aventurés en Arctique. Il est né il y a un siècle et demi (le 8 août 1866) à Nanjemoy, dans le Maryland, de parents paysans faisant partie des Noirs libérés peu avant la guerre de Sécession. Bien que libres, les parents, comme cela arrivait parfois à cette période, subirent les attaques du Ku Klux Klan et des autres groupes racistes qui terrorisaient les minorités noires après la fin du conflit. Dans la tentative d'éviter ces persécutions, sa famille avait déménagé à Georgetown – actuellement quartier résidentiel façon Washington D. C., mais qui n'était à l'époque qu'une petite ville indépendante du Maryland – quand Henson n'avait que trois ans.

Henson perdit sa mère jeune et, à la suite de la mort de son père, partit vivre chez son oncle à Washington. Son oncle accueillit le jeune Matthew et finança son éducation mais, par une sorte de malédiction, Henson le perdit aussi prématurément et, à onze ans, dut se prendre en charge lui-même.

C'est là que se produisit un événement qui devait changer la vie de Matthew : un discours public. À dix ans, le garçon avait participé à une cérémonie en l'honneur d'Abraham Lincoln, le président qui, en plus de s'être battu pour préserver l'Union durant la guerre de Sécession, avait libéré les esclaves dans les états confédérés du Sud. Matthew fut fortement marqué par un discours de Frederick Douglass, orateur renommé et meneur au long cours dans la communauté noire américaine, et en particulier par un appel lancé à l'assemblée : celui de profiter résolument même des plus petites occasions de s'instruire et de combattre les préjugés raciaux sans compromis.

À l'âge de douze ans, le jeune Henson partit pour Baltimore et c'est dans ce port du Maryland qu'il entama une nouvelle vie, montant comme « garçon de cabine », soit plus ou moins domestique, sur le navire marchand *Katie Hines*. Ce fut un long voyage qui lui permit de visiter des lieux lointains et inimaginables tels que la Chine, le Japon, l'Afrique, mais qui l'amena surtout à connaître pour la première fois les eaux de l'Arctique. C'est pendant cette dernière période en mer que le commandant du bateau, le capitaine Childs, prit Henson sous son aile protectrice et lui apprit à lire et écrire. En 1884, Childs mourut alors que Matthew avait vingt-deux ans, et celui-ci retourna à

Washington, où il trouva un travail dans un magasin de chapeaux.

C'est là, en 1887, qu'il rencontra l'explorateur Robert Edwin Peary qui, impressionné par les expériences du jeune homme en mer, l'embaucha comme serveur pour une expédition en partance pour le Nicaragua. Au retour, Peary trouva un travail pour Henson à Philadelphie, où, en avril 1891, celui-ci épousa Eva Flint. L'appel de la mer était cependant trop fort et, peu après, Henson rejoignit encore une fois Peary pour une expédition ambitieuse : direction le Groenland.

Ce voyage fut pour lui une illumination, le poussant à approfondir la culture eskimo locale, apprendre la langue et les techniques de survie dans les glaces. Henson retourna au Groenland en 1893, avec l'objectif, cette fois, de traverser et cartographier toute la calotte polaire. Un voyage long et compliqué, de près de deux ans, durant lequel les membres de l'équipage de Peary se retrouvèrent obligés de se nourrir de la chair de tous les chiens qui tiraient leur traîneau, sauf un.

Malgré la difficulté de l'expérience, la force et la persévérance de Peary et Henson ne furent pas entamées et tous deux décidèrent de retourner au Groenland en 1896 et 1897. L'objectif de ces deux nouvelles missions était de recueillir les restes de trois grandes météorites trouvées lors des missions précédentes – entre autres celle qui reste la plus grande météorite jamais récupérée, d'un poids de près de trente-quatre tonnes – qui furent ensuite vendues à l'American Museum of Natural History. Nous avons déjà vu comment Peary se les était procurées en réalité. Tout le produit de la vente des précieux vestiges fut réinvesti dans de nouvelles expéditions.

En 1897, Henson divorça d'Eva, en partie à cause de ses longues et fréquentes absences et, en 1902, ce fut sa première tentative d'atteindre le pôle Nord en compagnie de Peary. L'entreprise se conclut tragiquement avec la mort de six membres eskimos de l'expédition, en raison du manque de vivres. La tentative suivante, en 1905, fut appuyée par le président Theodore Roosevelt lui-même et la compagnie réussit à naviguer jusqu'à environ cinq cents kilomètres du pôle Nord. Cependant, l'épaisseur de la glace marine – celle qui de nos jours fond à une rapidité impressionnante, permettant une navigation tranquille du passage au nord-ouest – les contraignit à faire demi-tour. Entre-temps, Henson eut un fils, Anauakaq, avec une femme inuite. Pourtant, une fois revenu aux États-Unis, il épousa Lucy Ross.

La dernière tentative de l'équipage pour atteindre le pôle Nord se fit en 1908. Henson se révéla d'une grande aide, construisant des traîneaux et formant les autres membres de l'équipage, qui le considéraient sur le même plan que Peary pour l'expérience de l'Arctique. Finalement, le 6 avril 1909, à quarante-trois ans, Henson, Peary, quatre Eskimos et quarante chiens atteignirent le pôle Nord, ou du moins déclarèrent-ils l'avoir fait. Le coût de l'entreprise était évident pour tous : il suffit de penser que l'expédition avait commencé avec vingt-quatre hommes, dix-neuf traîneaux et cent trente-trois chiens ! Peary savait que le succès de la mission reposait en grande partie sur son fidèle compagnon et affirma publiquement qu'il ne l'aurait jamais réalisée sans lui. Pour être honnête, il convient de rappeler que le succès effectif de l'expédition de Peary et Henson de 1909 est encore sujet à débat : certains estiment qu'ils ont cru avoir rejoint le pôle Nord, avec des erreurs de calcul sur son emplacement, d'autres sont convaincus que Peary avait menti sciemment. Frederick Albert Cook affirmait par ailleurs avoir atteint le pôle Nord un an avant eux.

Au retour, Peary fut couvert d'éloges mais Henson, du fait de sa couleur de peau, fut largement oublié, et il passa les trois décennies suivantes à travailler à la douane fédérale de New York, sans jamais toutefois oublier sa vie d'explorateur. Il publia ses mémoires en 1912, sous le titre *Un explorateur noir au pôle Nord*, mais il ne reçut la reconnaissance méritée qu'après soixante-dix ans, quand il fut accepté en 1937 comme membre honoraire – et premier Afro-Américain – de l'Explorers Club de New York : ensuite, toujours la même année, il fut décoré de la médaille Peary Polar Expedition ; enfin, en 1944, il reçut la médaille du Congrès avec les autres membres de l'expédition.

Ian comme moi ayant des enfants adolescents, nous discutons souvent de leur avenir et surtout du fait que, malgré les nombreuses avancées, notre société et notre profession en particulier ne favorisent pas les femmes. Nous avons discuté plusieurs fois du rôle des femmes dans l'exploration arctique et antarctique et des difficultés énormes qu'ont dû connaître les pionnières pour faire leur place. Beaucoup des premières à voyager en Antarctique étaient, et ce n'est pas un hasard, des épouses d'explorateurs, et celles parmi elles qui désiraient avoir un rôle plus important dans les missions sur le grand continent gelé devaient surmonter les préjugés de genre et l'inertie bureaucratique. Toutefois, à cause de la culture patriarcale diffuse, même celles qui auraient pu être sélectionnées pour les expéditions dans les pôles avaient moins de probabilités de l'être par rapport aux hommes.

Au début de l'ère de son exploration, l'Antarctique était en fait considéré par beaucoup d'hommes comme un lieu où se projeter comme des conquérants héroïques et, dans leurs journaux, ils imaginaient cette terre blanche comme une « femme vierge » ou « un corps féminin monstrueux » à soumettre virilement. Les femmes étaient généralement impliquées seulement pour baptiser les lieux que l'on découvrait peu à peu ou, à la limite, pour accoucher dans les glaces. Je sais que cela peut paraître absurde mais, il y a trente ou quarante ans, plusieurs gouvernements ont invité des femmes à accoucher en Antarctique pour revendiquer par là une espèce de souveraineté sur le territoire, étant donné que ce continent n'appartient à aucun pays mais est seulement laissé « en gestion » à tous les États sur la base d'un traité de collaboration internationale. Parmi les femmes qui ont accepté l'invitation, il y avait l'Argentine Silvia Morella de Palma, qui donna le jour le 7 janvier 1978 à Emilio, un garçon de trois kilo cinq cents, dans la base argentine Esperanza.

Ian me rappelle avoir lu quelque part un article sorti au milieu des années 1990 qui démontrait, chiffres à l'appui, que les femmes résistent mieux que les hommes aux conditions extrêmes de l'environnement antarctique. J'en prends note, dans l'attente de partager cette information avec mes filles. Nous continuons à discuter et à nous remémorer les « héroïnes » de l'exploration antarctique. La première femme occidentale à avoir rejoint les eaux de l'extrême continent fut Louise Seguin, sur le bateau *Roland*, en 1773. On ne sait pas clairement si elle avait embarqué en tant que courtisane ou si elle était déguisée en garçon. D'autres pensent que la première était Jeanne Baret, botaniste et exploratrice française, qui rejoignit les eaux de l'Antarctique à des fins scientifiques après être devenue sans le savoir la première femme à avoir fait le tour du globe.

La première du monde moderne à mettre les pieds sur le sol antarctique fut Caroline Mikkelsen en 1935. C'est du moins ce qu'on a longtemps cru. Née au Danemark, elle avait déménagé en Norvège après avoir épousé le capitaine Klarius Mikkelsen, avec qui elle rejoignit l'Antarctique lors d'une mission de ravitaillement qu'il dirigeait. À l'époque, on ne savait pas vraiment si Caroline avait effectivement rejoint l'Antarctique ou l'une des îles à proximité. C'est seulement après sa mort, au début du nouveau millénaire, que quelques étudiants publièrent les résultats d'une nouvelle recherche dans laquelle ils montraient que Caroline n'avait pas atteint le continent, mais l'une de ses îles à quelques kilomètres de la côte. Je m'imagine sa grande frustration de passer aussi près de l'objectif.

Rappelons deux chiffres : la distance entre l'Antarctique et l'Europe est de l'ordre de dix mille kilomètres. De nos jours, les cinq kilomètres qui manquaient à Caroline pour rejoindre le continent représentent 0,033 % de la distance entre l'Europe et l'Antarctique. Manquer l'objectif de cinq kilomètres, c'est un peu comme mettre de l'argent de côté pendant des années pour des vacances coûtant mille euros et tout annuler parce qu'il manque trente-trois centimes. C'est ainsi que le titre de première femme à fouler le sol du continent antarctique fut transféré à Ingrid Christensen. Norvégienne et fille de l'un des plus grands chasseurs de baleines de l'époque, Ingrid était une référence pour les femmes du fait de son courage, de son charisme et de son indépendance.

Entre 1936 et 1937, Christensen fit son quatrième et dernier voyage dans le Sud. Elle était en compagnie de trois autres femmes, dont l'une était sa fille, Augusta Sofie Christensen. Ingrid survola la terre, devenant la première femme à voir l'Antarctique depuis le ciel : le 30 janvier 1937, le journal de Lars Christensen, son mari, enregistre le débarquement de sa femme à Scullin

Monolith, promontoire rocheux qui s'étend sur l'océan Antarctique, faisant ainsi d'elle la première à fouler le continent antarctique.

Les autres se sont approchés et Ian se tourne vers eux. Je reste encore à l'écart ; j'aime rester seul un instant. Ça m'aide à rassembler mes pensées sur les actions à venir. Je passe en revue les situations à éviter, les erreurs à ne pas commettre, les détails qui pourraient tout compromettre. Ensuite, je repense aux femmes en Antarctique et à mes filles, à toutes les fois où je voudrais partager avec elles ces émotions et expériences, dans le futur et maintenant. J'imagine leur parler ici, dans cet endroit, bien qu'elles soient trop jeunes pour l'instant.

Enfin, je repense à la lettre que je leur ai écrite un jour il y a peu, pendant que j'étais aux marges de l'étendue glacée. Je la garde toujours avec moi. C'est une copie, afin d'éviter que l'original, écrit sur un morceau de papier arraché à l'un de mes carnets scientifiques, ne s'abîme. Je la relis avant de retourner avec les autres, pour m'insuffler du courage et un chaud sentiment de réconfort.

Chères Olivia et Francesca,

Pendant que j'observe la glace majestueuse du Groenland, je trouve la paix et l'harmonie pour écrire ces quelques mots. Depuis que vous êtes nées, tout est plus riche, tout est merveilleux. Un jour, j'espère, nous pourrons parler de ce qui nous a amenés à vivre séparément. Mais ce n'est pas pressé, je suis sûr que l'existence nous en donnera l'occasion. C'est difficile pour moi de vivre jour après jour sans le son de votre présence, vos bruits et vos couleurs. J'imagine que ça l'est encore plus pour vous. Après tout, ce n'était pas votre choix. Et malgré tout, vous, petites exploratrices de votre avenir sur cet agglomérat de vie dans l'univers, vous ne m'avez jamais reproché la situation et vous ne vous êtes jamais plaintes. J'espère que ces paroles réussiront à vous communiquer à quel point je suis fier de vous et comme je m'estime chanceux de partager ma vie de père avec vous. Pas une seconde je n'ai senti que vous me jugiez. Au contraire, il est souvent arrivé que vous me fassiez sentir votre présence, votre soutien, votre amour. Tout cela me donne de la force pour m'améliorer en tant que personne et en tant que père, en respectant vos choix comme vous avez respecté le mien.

Soyez libres ! Profitez de la vie, cultivez l'amour, les amitiés, prenez soin de la beauté à l'intérieur de vous comme autour. Toutefois, ne transformez pas votre recherche de la liberté en un pur égoïsme, mais cherchez la voie qui vous amènera à être aimées et à aimer en retour, dans le respect. Contrairement à une croyance commune, je pense que la liberté et l'amour peuvent cheminer ensemble, liés. Et même, c'est justement quand cela arrive que l'on atteint les sommets de l'amour pur. Cette voie se découvre jour après jour, heure après heure, rencontre après rencontre. Enrichissez votre esprit par la connaissance et les émotions. Grandissez dans toutes les directions ; explorez à l'intérieur et à l'extérieur de vous ; inventez les instruments qui vous serviront à fouiller là où personne ne l'a fait ; respectez les choix d'autrui, mais n'ayez pas peur d'exprimer vos opinions ; acceptez la vie comme elle vient quand il n'est pas possible de la changer, en faisant confiance au temps pour changer les choses. Après tout, le temps, c'est vous.

Le bruit de l'eau qui accompagne le rythme de mon écriture me fait penser au cycle de la vie. Je pense à votre vie, à l'avenir qui nous attend et à la chance que j'ai d'être le témoin du déroulement de votre existence qui comme cette rivière murmure en permanence à mon âme et berce mon cœur pendant que je pense à vous. Mon amour pour vous a des racines de glace que personne ne pourra faire fondre.

5
LE GRAND FRÈRE ARCTIQUE

Nous arrivons après quelques heures à l'endroit où nous allons recueillir les premières données, nous nous libérons de nos harnais et de nos sacs à dos. Nous ne tiendrons pas longtemps ici, mais nous nous déplacerons avec le spectromètre d'un point à un autre, en nous arrêtant pendant le parcours pour enregistrer l'empreinte spectrale de la glace sur laquelle nous marchons. Le spectromètre mesure la quantité de lumière réfléchie par la neige à chaque longueur d'onde avec une extrême précision. C'est une merveille technologique : la lumière est canalisée dans une fibre optique et, diffractée par un système de miroirs et de filtres digitaux internes, elle est comme « vivisectionnée » dans les couleurs (ou longueurs d'onde) qui la composent. Les données sont enregistrées sur un ordinateur portable non loin de l'appareil, relié par Bluetooth. L'appareil lui-même se trouve dans un petit sac à dos spécial porté sur les épaules par celui qui le manipule et d'où sort un câble de près d'un mètre, relié lui-même à un support rigide de la même longueur. À l'extrémité, c'est le capteur, à travers lequel la lumière pénètre et qui forme un angle de 90 degrés avec le support. Cette configuration, pas particulièrement pratique, nous permet de « tourner en rond » et de recueillir les données en davantage d'endroits pour ainsi augmenter le nombre d'observations à terre qui nous permettront de comprendre ce qui se passe au Groenland.

La procédure est rigoureuse : l'instrument est allumé bien avant de collecter les données, de façon à le « réchauffer » pour éviter l'influence des minuscules variations dans le comportement de ses composantes électroniques, associées aux différences de température dues à l'allumage. Il convient de faire très attention à ne pas plier le câble en fibre optique au-delà d'un certain angle, pour éviter que les « autoroutes de lumière » à l'intérieur ne soient interrompues ou que ce fil délicat ne casse. Ensuite, c'est « l'habillage » de l'instrument, qui requiert au moins une autre personne en plus de l'opérateur pour faciliter le tout, quelque chose de semblable au moment où les astronautes se préparent à un voyage spatial.

C'est Patrick notre spationaute. Tout d'abord, il pointe le capteur vers le haut, au-dessus de sa tête, pour mesurer le rayonnement solaire qui arrive sur la surface, en le maintenant aligné horizontalement à travers un petit niveau numérique positionné sur le support. Il appuie ensuite sur le bouton activant la mesure et le son, rappelant celui d'une notification sur un téléphone, nous confirme que l'enregistrement est fait. Alors, il pointe le capteur vers le bas, en direction de la glace, la barre tourne vers l'avant, le bras tendu. Une autre pression sur le bouton, un nouveau son et la première donnée est acquise. Nous avançons d'un mètre ou deux et répétons l'opération pendant deux heures, cherchant à couvrir le plus de superficie possible dans un temps fixe : les mesures doivent se faire quand le soleil est au plus haut de l'horizon pour garantir la qualité des données. Au total, nous disposons d'une à deux heures à partir de notre arrivée. Nous devons être précis et rapides, qualités qui deviennent de plus en plus difficiles à cumuler quand le froid et la fatigue se font sentir.

Ce ne sera que plus tard, une fois de retour à New York et les données en laboratoire, que nous saurons si l'expérience a été un succès. C'est un aspect de notre travail qui, comme on peut l'imaginer, peut éventuellement être frustrant mais, pour moi en tout cas, ça le rend parfois très excitant. C'est une tâche qui exige détermination, persévérance, créativité et imagination, en plus du sang-froid et des réflexes rapides pour empêcher tout événement qui viendrait compromettre les longs mois – parfois années – de préparation méticuleuse de la mission : toutes les qualités nécessaires pour trouver des solutions à des problèmes jamais rencontrés auparavant – et dans certains cas, qu'on ne pouvait même pas envisager – avec le peu de moyens à disposition sur la glace.

J'y pense chaque fois que je revois les graphiques dans les articles que je publie, seul ou avec des collègues : chacune de ces données, de ces petits points, est en réalité issue d'une montagne de travail extraordinaire ; des mois de préparatifs, des années de conjectures et de plans, des dizaines et des dizaines de conversations, discussions, pensées et réflexions à voix haute ou en son for intérieur. Tout cela pour aboutir à un minuscule symbole circulaire sur un graphique : cela me rappelle la phase de contraction de l'univers, implosive, lors de laquelle, après l'explosion de l'idée et les mises à l'épreuve, tout se concentre en un seul point. Un point qui, ajouté aux autres, délimite le paysage numérique du pays que nous avons traversé et étudié.

Je me rappelle un jour, en juin, où je me trouvais au cœur du Groenland, à près de deux mille mètres d'altitude, et au milieu d'une chute de neige inattendue. Notre perforateur à vapeur, un appareil qui perce des trous cylindriques dans la glace de quelques centimètres de diamètre et de deux mètres de profondeur pour insérer les supports d'aluminium où l'on doit monter les instruments, a subitement cassé dans une détonation. La vapeur jaillissait du bout d'un support de deux mètres et le tube qui transportait le gaz avait de petites fissures. Nous avons réussi à le remettre en état grâce à de l'adhésif isolant, à un ensemble de vis et de boulons que j'avais dans ma poche (quand on est en mission dans des lieux perdus de la terre, on ne sait jamais ce qu'on trouve dans ses poches ; on cherche à garder tout et, parfois, même une vieille vis peut faire la différence entre la réussite et l'échec de l'expérience) et de la ficelle qu'un autre membre de l'expédition utilisait pour tuer le temps, en la roulant et la déroulant autour de ses doigts pour se détendre. C'est incroyable : un investissement de millions de dollars sauvé par un banal passe-temps.

Après avoir terminé la collecte de données, nous nous arrêtons pour manger. Enfin. Nous sommes en activité depuis ce matin et la faim se fait sentir. Quand je me trouve là, au milieu des glaces du Groenland, je suis plus affamé que d'ordinaire. J'ai toujours eu un métabolisme très rapide, depuis petit je suis habitué à manger peu mais souvent. Ici, toutefois, j'ai besoin de davantage d'énergie. Ma constitution (je ne suis pas fluet, mais plutôt mince) a toujours besoin de carburant pour me maintenir au chaud. Et pour alimenter mon cerveau, qui dans ces missions est en permanence hyperactif et brûle de l'énergie à n'en plus finir.

C'est l'heure du déjeuner, si on peut l'appeler ainsi, étant donné que nous ne pouvons nous permettre le luxe d'une longue pause, et pas même celui de déguster des gourmandises autour d'une table. Nos sièges sont les « tabourets » naturels formés par la glace, la table est la surface gelée, couverte d'un tapis multiusage. Le repas, que nous avons préparé ce matin, consiste en une soupe chaude, un sandwich et une barre de chocolat. Et du café, évidemment, beaucoup de café. Nous avons fait bouillir l'eau pendant le petit déjeuner et l'avons conservée dans des thermos. Nous sortons les soupes déshydratées, qui ont des noms divers et en principe, des saveurs différentes, mais qui somme toute, ont plus ou moins le même goût.

Quelle que soit la nature de la soupe, les sels qu'elle contient et l'intimité qui se crée à être seuls dehors, entourés d'un tel panorama, nous permettent de recharger nos batteries, nous redonnant des énergies physiques et émotionnelles nécessaires pour avancer dans notre mission. Le repas est quasiment un rituel. Il faut vider le contenu des sachets dans l'eau fumante avec des gestes rapides pour ne pas que le liquide refroidisse, afin d'éviter de se retrouver devant une soupe non seulement froide, mais crue. Une infâmie, dirait mon oncle Toto. Nous refermons les couvercles de nos thermos et attendons que la soupe soit prête. En attendant, nous discutons de la difficulté à récolter les données à terre, et quelqu'un rappelle les changements radicaux advenus dans ce secteur.

Je me souviens que quand je rédigeais ma thèse à la fin des années 1990, les termes comme pétaoctet et gigaoctet étaient du domaine de rares experts. Une pétaoctet est un million de milliards d'octets et un octet, comme on le sait, est l'unité de mesure de base pour calculer la mémoire d'un ordinateur ou les dimensions d'un fichier. Pour donner les dimensions de ce dont on parle : un SMS envoyé d'un téléphone portable correspond à environ cent quarante octets, donc un pétaoctet a la valeur de sept mille milliards de SMS. Avec la technologie actuelle (qui d'ici quelques années sera encore plus rapide), nous trouvons les données sur nos ordinateurs à une vitesse autrefois impensable. Mes premières expériences à la Nasa, quand nous commandions des piles de disquettes qui nous étaient livrées dans d'énormes boîtes et qui demandaient des nuits blanches pour être transférées sur nos ordinateurs, semblent faire partie d'une ère préhistorique. L'explosion d'Internet et des technologies multimédia a tout révolutionné. Les données sont créées, modifiées et visualisées quasiment en temps réel. La révolution des big data, qui influence et transforme chaque aspect de notre vie via les smartphones, les ordinateurs portables, les télévisions « intelligentes », etc. a aussi et surtout changé la recherche scientifique.

Le repas devrait aller vite. Nous rouvrons nos thermos et entamons notre soupe chaude. Elle n'est pas bouillante comme nous l'aurions cru, mais la chaleur de la première gorgée apporte un réconfort immédiat. Nous nous détendons, bavardons, certains trempent le sandwich au beurre et au fromage dans le liquide, d'autres l'avalent rapidement pour ne pas se brûler les lèvres.

Nous continuons de parler des données. Une étude de l'université de Californie a cherché à comprendre combien de données sont produites dans le monde et comment transformer ces informations en quelque chose de tangible ou de compréhensible pour l'Homme. Tout d'abord, les chiffres : dans le monde, près de dix zétaoctets de données sont traitées par an, soit dix mille milliards de milliards d'octets. C'est vertigineux. Pour donner une idée du nombre, il vous suffit de penser que dans notre galaxie, la Voie lactée, il y a « seulement » deux cent cinquante milliards d'étoiles et il faudrait donc près de quatre milliards de galaxies comme la nôtre pour atteindre le nombre d'octets traités chaque année. Les collègues californiens ont aussi calculé que s'ils voulaient convertir le poids de tous les téléphones portables et ordinateurs nécessaires pour contenir les dizaines de milliards de milliards de données produites chaque année, il faudrait une flotte infinie : près de huit cents porte-avions pour les téléphones, deux cent cinquante mille avions pour les ordinateurs portables et l'équivalent de quasiment neuf cent mille statues de la Liberté pour les fixes. Le volume des données que nous récoltons au Groenland, en comparaison, est ridicule : seulement quelques gigaoctets. Mais c'est la somme qui augmente et, vraisemblablement, ces chiffres ne vont faire qu'aller à la hausse.

Parmi les données en continuelle augmentation, figurent bien évidemment celles des satellites : forteresses technologiques, cavaliers aux armures sophistiquées qui prennent le pouls de notre planète, alliés fondamentaux pour comprendre les processus qui la gouvernent. Les satellites tournent à des centaines de kilomètres au-dessus de nos têtes et à une vitesse de presque trente mille kilomètres à l'heure (plus de vingt fois celle du son) et observent tout, perçoivent ce qui est invisible à nos yeux, soutirent des secrets aux nuages, à la neige, à la glace, aux arbres et à tout ce qui se trouve en dessous d'eux.

On estime que les satellites lancés en orbite autour de la Terre par l'Homme sont environ cinq mille. Parmi ceux-là, seuls 40 % sont encore en activité, ce qui signifie que près de trois mille masses de métal inutiles circulent autour de notre planète et ne sont autres que des déchets orbitaux. Le nombre de satellites « morts », même s'il peut faire sourire, est en réalité un souci, non seulement parce qu'ils peuvent tôt ou tard s'écraser à terre sur des habitations ou leurs occupants, mais aussi parce que la pollution satellitaire pose des problèmes pour le lancement des satellites ultérieurs, et des dangers pour les activités des personnes vivant dans la station spatiale, d'où on effectue des « promenades » régulières dans le vide.

Nous en savons très peu sur les satellites militaires, que ce soit sur leur existence, leur nombre ou leur activité. Sur les satellites civils en orbite autour de la Terre, la majorité est utilisée pour les télécommunications et sert avant tout aux données de téléphonie, à Internet ou au GPS (Global Positioning System), le système servant à savoir où nous sommes et nous orientant pendant la navigation quotidienne, à pied ou en voiture. Un grand nombre de satellites est consacré, c'est heureux pour nous, à l'étude de la planète. Il s'agit de satellites qui utilisent les technologies les plus disparates : depuis les appareils photo numériques à très haute résolution jusqu'aux machines à micro-ondes.

Les premières expériences de télédétection remontent à deux siècles et avaient pour objectif, selon une définition précise, « l'acquisition des données sans entrer en contact avec l'objet observé ». Ces tentatives coïncidèrent avec deux des grandes révolutions de l'époque moderne :

la photographie et l'Homme dans les airs. C'est à la fin du XIXe siècle que quelques pionniers commencèrent à photographier, du haut d'une merveille technologique de l'époque, la montgolfière, les paysages en contrebas, usant des premiers appareils photo rudimentaires. La première photo dans l'absolu, dont on a perdu la trace, est attribuée au Français Gaspard-Félix Tournachon et c'est une vue de Paris (1858). La plus ancienne conservée aujourd'hui est un cliché de Boston pris depuis une montgolfière par l'Américain James Wallace Black en octobre 1860.

Ensuite est venu le tour des pigeons qui furent utilisés pendant la Première Guerre mondiale pour photographier le territoire ennemi sans être détectés ni mettre en danger de vies humaines. Mais ce fut évidemment avec l'avancée de l'aviation moderne, le développement des technologies pour lancer des missiles dans l'espace et les progrès technologiques des appareils photo qu'advint le véritable boom de la télédétection : depuis les avions espions, dont le début donna lieu à la crise des missiles de Cuba, jusqu'aux microcaméras sur les drones, cette technique s'est de plus en plus développée, et elle est aujourd'hui l'un des instruments les plus précieux que nous, scientifiques, ayons à disposition, devenant synonyme d'observation par satellite ou par avion.

Il est connu que les premiers satellites furent lancés autour des années 1960 pour surveiller le climat et améliorer les prévisions météorologiques. Ce que l'on tend à oublier, c'est qu'une grande partie des progrès dans l'étude de notre planète, technologiques comme scientifiques, sont dus à l'industrie militaire et à ses technologies. Par exemple, le radar, instrument que nous connaissons tous aujourd'hui et qui est utilisé tant dans l'aviation civile que dans les satellites étudiant la Terre, fut inventé et perfectionné à des fins uniquement belliqueuses. C'est un sujet qui, dans le monde des sciences et de la recherche, est amplement discuté, a donné lieu et donne toujours lieu à nombre de polémiques. D'un côté, nous, scientifiques, devons beaucoup à l'impulsion économique et technologique donnée par les militaires à la télédétection, qui a permis d'acquérir une meilleure connaissance sur la façon dont notre planète est en train de changer. De l'autre, la plupart des collègues avec qui je travaille (et dont je suis) sont des antimilitaristes convaincus.

La soupe, ou ce qui en reste, est déjà froide. Ma passion pour le récit et l'approfondissement m'a encore une fois trahi. C'est l'heure de passer au dessert : de délicieuses (on va dire) barres protéinées, que nous savourons tout en rangeant les boîtes et ustensiles utilisés pour la soupe dans notre sac, toujours attentifs à ne rien laisser qui puisse polluer ce paysage merveilleux.

Nous nous remettons à discuter des satellites. Les données que nous avons recueillies seront utilisées également pour en perfectionner l'usage, nous aidant à mieux comprendre à quel point et comment le Groenland est en train de changer. D'un point de vue professionnel, nous avons beaucoup de chance de vivre à notre époque, en considérant que le nombre de satellites disponibles pour étudier la

Terre a connu une augmentation vertigineuse dans les dernières décennies, avec une hausse tout aussi vertigineuse dans la qualité des données qui en proviennent. Nombre de zones des pôles sont déjà « couvertes », comme on dit dans le jargon, par les relevés satellites. Les zones qui se trouvent aux latitudes les plus extrêmes sont observées plus d'une fois par jour.

Ian est un expert des modèles mais pas des satellites et il me demande quels satellites sont aujourd'hui les plus « populaires ». Avant de répondre, je bois une gorgée de café pour me réchauffer et humidifier mes lèvres asséchées par le froid et le bavardage. Impossible de les nommer tous, bien entendu : les plus connus sont le Landsat et le Modis, et puis il y a ceux baptisés par des acronymes ressemblant à des mots d'une langue extraterrestre : SSM/I, AMSR-E, SMMR. Mais il existe aussi des noms plus explicatifs et associatifs, de Terre et Eau à Icesat (*ice* pour glace) et Cloudsat (*cloud* comme nuage).

J'essaie de lui fournir une description générale, bien que conscient qu'elle sera insuffisante : aujourd'hui, les choses à savoir sont si nombreuses qu'il existe carrément des diplômes spécialisés d'expert en télédétection. Or nous devons repartir dans quelques minutes. Pour résumer, nous pouvons dire qu'il existe deux catégories de capteurs : les « actifs » qui émettent un faisceau d'ondes électromagnétiques et mesurent ce qui revient, et les « passifs », qui écoutent ce qui se produit autour d'eux, de manière justement passive. Un exemple commun d'un instrument du premier type est la torche : le faisceau de lumière éclaire un objet, et nos yeux en voient les couleurs, la forme et les dimensions afin de pouvoir l'identifier. Dans ce cas, la torche est la source électromagnétique (de lumière dans le spectre visible) tandis que le capteur est notre œil. Pour visualiser un instrument passif, pensons à l'énergie naturelle émise depuis la Terre : en physique, chaque objet de l'univers échange de l'énergie à travers des ondes électromagnétiques ; la télédétection avec des capteurs passifs, c'est un peu comme écouter la respiration électromagnétique de quelqu'un.

Chacune des techniques a des avantages et des inconvénients : l'utilisation d'appareils photo numériques (considérés comme des capteurs passifs car mesurant le rayonnement réfléchi du soleil et non celui émis par l'instrument lui-même) nous permet de découvrir des détails surprenants, mais évidemment limités par certaines situations, comme la présence de nuages. Les capteurs à micro-ondes, en revanche, parviennent à « voir » à travers les nuages, mais offrent des images bien moins nettes. En gros, nous devons accepter un compromis : ou on obtient des images très nettes et on accepte le fait que celles-ci ne soient pas toujours disponibles à cause de la couverture nuageuse, ou on se contente d'images un peu moins parfaites, ne comportant pas tous les détails, mais disponibles à tout moment sans problème.

Patrick se réveille de la torpeur du déjeuner en me rappelant que tous les satellites n'utilisent pas les ondes électromagnétiques, mais que certains se servent des ondes gravitationnelles. Le satellite Grace (acronyme de Gravity Recovery And Climate Experiment) mesure les variations du champ gravitationnel, littéralement en pesant la Terre depuis l'espace. Il le fait grâce à deux satellites par lesquels il mesure la distance avec une précision absolue : pendant que les deux satellites tournent autour de notre planète jusqu'à quinze fois par jour à une vitesse moyenne de près de vingt-sept mille kilomètres par heure, ils sont influencés dans leur position relative au champ gravitationnel terrestre qui se modifie en fonction de la distribution de la masse sur la Terre. Ainsi, par exemple, quand le premier satellite passe au-dessus d'une région où la gravité est plus forte, il accélère, augmentant la distance avec son semblable. Une merveille de l'ingéniosité humaine. Peut-être même le génie d'Isaac Newton, qui formula la loi de la gravité universelle, ne pouvait-il imaginer que dans un avenir proche la gravité serait utilisée pour étudier notre planète via un satellite en orbite. Le système est tellement sensible que la distance entre les deux satellites peut être mesurée avec la précision du dixième de l'épaisseur d'un cheveu. C'est une donnée utilisée pour comprendre, par exemple, quelle masse perdent le Groenland ou l'Antarctique en été, permettant de calculer avec une précision plus fine que jamais la contribution des deux immenses étendues de glace à la hausse du niveau des mers.

Nous retournons à nos mesures, en espérant que tout aille pour le mieux.

6
ABYSSES GLACIAIRES

Le repas nous a redonné force et énergie. Il y en avait besoin. Ce n'est pas écrit dans les manuels, mais maintenir l'enthousiasme est fondamental dans la réussite d'une expérience. En reprenant le chemin, tout paraît différent : l'allure est rapide, les sacs à dos semblent moins lourds, les douleurs dans le dos sont envolées (bien que nous sachions très bien qu'elles reviendront sous peu, et peut-être plus fortes qu'avant). Je me sens plus agile, capable de me déplacer sereinement – tout en restant prudent – sur la glace, avec une technique de marche que nous avons si bien affinée qu'elle nous vient de manière spontanée : utiliser l'élan du pas précédent pour user moins d'énergie pour le suivant, comme quand on jouait à la marelle en dessinant les carrés avec un caillou trouvé à proximité et qu'on sautait dans les cases où la pierre qu'on avait lancée était tombée sans toucher les bords.

Nous nous dirigeons vers le lieu de notre deuxième expérience. Pas de crevasses en vue, mais l'attention dans les glaciers doit toujours être maximale : même une petite foulure à la cheville causée par une botte restée coincée dans l'une des milliers de fentes qui constellent la surface de la glace, même une main appuyée sur une paroi de glace effilée (avec une entaille en conséquence) devient un problème sérieux dans un contexte comme le nôtre. Pour ne pas évoquer de choses plus banales : se distraire en parlant avec son compagnon de voyage et ne pas se rendre compte que la corde à laquelle nous sommes tous attachés s'est enroulée autour d'une jambe ou est restée coincée sur un affleurement de glace. Toute baisse d'attention peut être fatale pour chacun de nous et pour l'expédition dans son ensemble.

Un coup d'œil vers l'horizon, un regard pour ne pas trébucher, et voilà les premiers signaux annonçant que nous sommes presque arrivés au site sélectionné : le courant puissant de l'eau, peut-être une cascade dans le lointain, nous rappelle l'incroyable absence de sons à laquelle nous nous sommes habitués. Les cours d'eau qui nous entourent ont grossi peu à peu : nous devons être proches de notre objectif. Nous sortons du dernier creux et passons la crête du petit promontoire qui nous sépare du lac que nous sommes venus étudier. Nous l'avons baptisé lac Napoli (Naples). L'idée est de moi, un peu pour commémorer mes origines, un peu pour jouer les défis lancés par le collègue suisse qui, il y a deux décennies, avait donné vie au Swiss

Camp, l'un des premiers camps d'observation à long terme au Groenland.

Vus du satellite, les lacs que nous étudions apparaissent comme des joyaux incrustés dans la glace. Ils sont générés par la fonte des glaciers, dont l'eau, d'une pureté sans égale, s'accumule dans les creux : la limpidité est telle qu'en se penchant, on aperçoit le fond, qui est évidemment en glace aussi. Je me souviens bien du jour où je les ai vus pour la première fois, du haut d'un hélicoptère : ils ressemblaient pour moi à des géants immaculés qui, de leur énormité, laissaient tomber des gouttes sur le terrain, comme des Gullivers dans une étendue blanche lilliputienne.

Les lacs groenlandais sont importants pour différentes raisons d'un point de vue scientifique. Leur couleur, plus sombre que la glace qui les entoure, favorise l'absorption du rayonnement solaire qui, à son tour, augmente la fonte de la glace. Quelque chose qui m'intrigue et me laisse hébété à la fois : le fait que ces lacs soient vivants. Leur fond n'est pas fixe et statique comme celui de leurs « frères » de terre ferme, mais continue d'évoluer, de changer, de s'approfondir toujours dans la vie du lac. Ce n'est pas là une suggestion poétique liée à la pureté qui nous entoure, mais une certitude scientifique. Dans le passé, nous avons mesuré le fond de ces lacs et constaté que leur profondeur peut atteindre deux mètres supplémentaires en deux semaines. C'est un peu comme s'ils se nourrissaient eux-mêmes, creusant lentement dans la glace avec une action d'usure, simple mais efficace : des lacs glaciaires « cannibales ».

Un autre aspect fondamental de ces miroirs d'eau, quoique moins immédiat, réside dans leur rapport avec la hausse du niveau des mers. La présence des lacs sur la surface glacée contrôle un processus connu comme la « fracture hydraulique » (*hydrofracturing*) : quand la glace s'écoule vers la mer, sa surface casse sous son propre poids, de la même façon que la lave qui coule du sommet d'un volcan vers la base crée crevasses et fissures. La glace en superficie s'écoule plus rapidement que celle de la base – qui pleut sur la roche – de façon à créer une tension verticale qui génère ces « cassures » ; tôt ou tard, les fissures se refermeront de manière naturelle, avec la glace qui à l'extérieur accélère et ralentit dans un mouvement en accordéon. Là où il y a des lacs, la pression que l'eau réussit à exercer sur les parois des fissures, une fois qu'elle s'est infiltrée, permet non seulement à la fissure de demeurer ouverte, mais aussi de s'élargir et de s'étendre : la force de l'eau vainc la « volonté » de la glace mais, pour ce faire, elle doit être en mesure d'exercer une pression continue et suffisante.

Pour nous qui l'étudions, cet aspect est déjà fascinant en soi. C'est une espèce de bataille idéale entre les deux phases – liquide et solide – du même élément, l'eau, raison de vivre sur notre planète : l'état liquide, dans lequel toutes les molécules s'agitent et vibrent de manière convulsive (ce qu'on appelle le mouvement brownien) où le chaos gouverne ; l'état solide, la structure cristalline, immobile, rigide, la beauté bien mise, élégante. Ceux qui gagnent ici la bataille sont les lacs, dont l'eau continue d'ouvrir des fissures, les agrandissant sans trêve, tant en amplitude qu'en profondeur, jusqu'au moment où ils rejoindront la roche nue sur laquelle est posée la glace. À ce stade, la situation ressemble au fait d'enlever la bonde d'une baignoire remplie d'eau : le contenu s'écoule rapidement dans le tuyau qui vient juste de s'ouvrir, avec une violence impossible à contenir.

Pour déposer des capteurs au fond du lac – qui nous diront quand et à quelle vitesse le lac disparaîtra – et en installer d'autres autour – lesquels nous donneront les mouvements de la glace avant, pendant et après l'effondrement –, nous ne pouvons nous approcher à pied. Personne avant nous n'a réussi à capturer l'événement avec les instruments à disposition, ni même à le filmer. L'hypothèse d'utiliser un canot pneumatique a été écartée d'emblée : la force du lac pendant qu'il est englouti par la glace serait susceptible de nous déplacer et de nous faire tomber dans une eau proche de 0 °C qui ne nous permettrait pas de survivre plus de quelques minutes.

La solution, nous l'avons imaginée il y a plusieurs mois et, maintenant, c'est enfin le moment de la mettre en pratique : nous allons utiliser un bateau radiocommandé que nous avons acheté pour cette mission. Il s'agit d'un variant du modèle standard, du genre utilisé par les pêcheurs pour porter l'appât le plus loin possible, dans des lieux non atteignables autrement et qui pullulent de poissons. Il peut être contrôlé depuis la rive avec un joystick, relâcher l'appât à l'endroit voulu, et ensuite, quand le poisson a mordu, le ramener tranquillement au sec. Pour dénicher celui qui pourrait nous convenir, j'ai dû passer en revue une infinité de modèles : les fabricants à qui j'indiquais nos besoins me regardaient comme si j'étais un fou, surtout quand, pour leur demander les spécificités techniques, j'expliquais que c'était pour une expérience de la Nasa. Nous avons fini par trouver un bateau en Écosse, et les modifications que nous y avons apportées concernaient avant tout l'appareillage qui serait relâché dans le lac et la substitution de certains appareils de bord.

Je me rappelle nettement le moment des derniers essais à New York, avant d'expédier l'embarcation au Groenland : c'était une journée ensoleillée de printemps à Central Park et nous avions décidé d'utiliser l'un des bassins artificiels. Nous avions cherché à obtenir une autorisation écrite, mais avions seulement réussi à contacter le directeur du parc, qui s'était montré enthousiaste à l'idée de nous aider et nous avait dit de procéder sans plus attendre. Le bateau, il faut le reconnaître, ne passait pas inaperçu : noir avec des led devant et derrière, hybride technologique entre le catamaran et la voiture de Batman. Tout se passa bien, le bateau réagit de la meilleure façon qui soit et attira l'attention de quelques touristes amusés, du moins jusqu'au moment où deux policiers en civil, très peu enclins à nous laisser barboter dans le bassin, nous intimèrent vigoureusement de nous éloigner.

Nous rejoignons les berges du lac : le grand moment est enfin arrivé. Nous laissons nos sacs à dos sur la glace, montons les instruments sur la barque, la détachons et l'accompagnons avec précaution dans l'eau gelée. La caméra que nous avons disposée sur le flanc de l'embarcation nous envoie les images du fond tandis qu'elle s'éloigne vers le point de largage des appareils, guidée par les légers mouvements de mes doigts sur les leviers de la télécommande. Une fois en position, le bateau ne semble plus mesurer deux mètres, mais apparaît comme un minuscule point noir. Je ne sais distinguer la poupe de la proue.

Il est impossible de le diriger plus loin. Certes, nous ne sommes pas en mer ouverte, mais le vent qui souffle ici au Groenland suffit à agiter la surface de l'eau, avec des vagues qui atteignent les cinquante centimètres au centre du lac. Ce n'est pas très haut, mais assez en comparaison à un bateau en modèle réduit. Nous jetons l'ancre. Même si nous n'en laissons rien paraître, nous sommes tous stressés et nous efforçons de garder notre sang-froid. Avant d'appuyer sur le bouton qui lâche le capteur, je regarde autour de moi en quête de confirmation, comme si j'allais déclencher une attaque nucléaire.

Ça y est. Des mois de préparation condensés en une microseconde, notre destin entre les mains des appareils électroniques transportant la charge qui, transformée en ondes radio, est communiquée à la barque, à des centaines de mètres de nous. Nous ne voyons plus rien, le bateau étant trop éloigné désormais : c'est aussi pour cette raison que nous avons monté la caméra, qui envoie directement les images vers l'écran de notre ordinateur. Nous espérons réussir à saisir quelque chose qui ressemble à notre capteur, un cylindre métallique d'environ quinze à vingt centimètres de haut pour un diamètre pas plus grand que cinq centimètres. Nous sommes rassemblés autour de l'ordinateur, aussi anxieux que si nous suivions un pénalty de finale de Coupe du Monde. Finalement, nous apercevons une petite lueur : voilà le capteur. La joie se mêle au soulagement en un tourbillon indescriptible d'émotions et nous prenons conscience que, lors de ces quelques minutes, s'est jouée une bonne partie du succès de notre mission.

Nous rappelons l'embarcation : quand nous la tirons en dehors de l'eau, tout semble en ordre. L'adrénaline est à un tel niveau que nous n'avons presque pas la sensation de froid qui s'est emparée de nos mains suite au contact avec l'eau glacée et le vent. Ce n'est pas fini, nous le savons bien. Toutefois, nous devons attendre ; des semaines pourraient passer avant d'obtenir les données qui nous serviront. Les événements qui suivront l'effondrement des lacs, les facteurs à prendre en considération sont trop nombreux : la quantité d'eau présente dans le lac lui-même ; quand et depuis combien de temps les fissures au fond de la glace se sont formées ; ce qu'il y a dessous ; quel type de territoire offre la roche sur laquelle repose la glace ; y a-t-il des vallées ou des montagnes enfouies sous la pression de ce colosse d'hydrogène et d'oxygène.

Nous sommes revenus au camp depuis peu et nous venons de ranger nos outils et instruments dans leurs housses quand Christine, qui n'a pas détaché un instant les yeux de l'écran, m'invite à regarder les images de l'appareil photo sur le bord du lac, qui prend un cliché par minute. Elle veut comprendre si ce qui s'affiche est une illusion d'optique. Je m'approche, perplexe : au premier coup d'œil, rien d'étrange, seulement la rive du lac. Nous voyons alors ensemble la séquence des images capturées il y a quelques heures, les faisons défiler à l'endroit et à l'envers rapidement, cliquant avec frénésie et générant un flux continu de clichés en mouvement, comme si nous étions devant un carrousel numérique. J'interromps le défilé : je vois, à présent. Christine a raison. Les rives du lac s'agitent bien plus qu'elles ne devraient, et ce n'est pas dû au vent ; en effet, le mouvement est trop ample, trop synchrone, il implique toute la surface de l'eau. En outre, notre station météo nous signale que le vent s'est affaibli, au point qu'il s'est subitement calmé, comme cela arrive souvent dans cette région. En somme, le niveau du lac baisse, quoique de manière quasi imperceptible.

Nous nous regardons, effarés, incrédules, ayant quasiment peur d'admettre que nous vivons en direct ce pour quoi nous sommes venus : le lac est en train de se vider en implosant sur lui-même. Nous n'avons même pas le temps d'appeler les autres qu'un énorme grondement capte l'attention de tous, même les plus endormis par le froid, l'attente et la fatigue. Nous sommes excités, nerveux, emplis de curiosité. Ceux qui le peuvent attrapent leurs jumelles et regardent au loin, les autres se contentent de l'écran d'ordinateur. Chaque minute qui passe semble une éternité. Nous sommes rivés à l'écran, absorbés. Nous voyons ce qui ressemble à des blocs de glace rouler sur la surface du lac, pendant que l'eau est engloutie par ce qui ressemble à une immense baignoire dont on vient d'ôter la bonde. Probablement expulsés par la violence de l'événement, ils semblent légers et gracieux, mais doivent peser au moins le poids d'un autobus. Nous continuons d'assister à la lente agonie du lac, qui va disparaître en moins de quarante minutes, relâchant un flux d'eau plus important que celui des chutes du Niagara. La blessure dans la glace est trop grave, elle n'a pas le temps de cicatriser avant que la lymphe vitale du lac, l'eau, se perde en une sorte d'hémorragie glaciaire. Nous ne résistons plus : nous devons retourner sur nos pas pour y assister de nos propres yeux. Le niveau de l'eau est désormais en deçà de la berge du lac la plus proche et nous ne voyons plus ce qui se passe. En vitesse, nous nous préparons. Et pourtant, cette rapidité ne suffit pas devant la nature. Quand nous sommes à nouveau là-bas, le lac n'existe plus : là où nous avions vu une étendue d'eau de deux kilomètres de long et d'une profondeur de dix mètres, il ne reste plus que quelques flaques. Ian, Alison et moi nous approchons avec moult précautions pour examiner ce qui s'est produit sous nos yeux. Nous nous y employons pendant près de deux heures, avec émotion et bonne humeur : notre but, le trophée ultime de notre quête, est le capteur sur ce qui était le fond du lac. Nous nous laissons guider par notre GPS, comme ceux qui écument les plages armés de leurs détecteurs de métaux à la recherche d'objets précieux. Nous devons trouver un nouveau chemin pour rejoindre nos capteurs car le paysage est presque méconnaissable, avec de nouveaux ruisseaux petits et grands. Nous devons faire attention ; de nouvelles fissures pourraient avoir apparu, de nouveaux dangers potentiels, il faut être aux aguets. Nous sommes de plus en plus proches. Nous commençons à scruter la surface de la glace pour repérer le capteur, essayant de nous orienter dans un paysage qui n'existait pas quelques heures plus tôt.

Enfin, nous atteignons le *moulin*, terme technique indiquant le trou dans la glace par lequel le lac a disparu. C'est un monstre démesuré. Ceux que j'avais déjà vus ou dont j'avais entendu parler ne dépassaient pas quelques mètres de diamètre ; celui-ci, en revanche, mesure au moins dix mètres d'un bord à l'autre. Le capteur gît à quelques mètres du moulin. Si je l'avais lâché une seconde plus tard, il aurait été avalé pendant l'effondrement, devenant ainsi un souvenir tangible de notre présence et une relique scientifique incrustée dans la glace (même si du point de vue de nos futures révélations, il aurait été fort peu utile). Les données nous diront ensuite que, tout de suite après l'effondrement, la glace s'est soulevée de presque vingt centimètres sous la pression de l'eau qui a rejoint la base et l'a détachée de la roche, la faisant « aquaplaner » et accélérant ainsi sa course vers l'océan. Un bloc de glace d'une épaisseur de mille mètres, transporté en un rien de temps par la puissance de l'eau.

Nous nous approchons avec prudence ; Alison reste en arrière avec Ian. Je suis le plus proche du bord du précipice créé par le moulin. Nous sommes reliés par des cordes et divers harnais, mais l'adrénaline et la peur sont au maximum. Je m'avance et vois l'eau qui continue de couler, en diagonale, à l'intérieur de cet énorme trou. Son mouvement me donne des vertiges, mais je dois tenter de m'approcher ensuite du bord. Voilà, elles sont là, je vois les parois de la glace – bleue, solide, pure – couler jusqu'à la base. Je les suis du regard tout en m'étirant sur le ventre, afin de pouvoir pencher la tête pour observer le fond de ce qui, à mon sens, est déjà devenu une espèce d'animal fantastique, l'orée de l'antre de la sybille de Cumes, une structure dantesque.

La fosse est d'une profondeur d'entre dix et quinze mètres. Pour quelqu'un qui, comme moi, étudie la glace, c'est un moment mémorable. L'enthousiasme de se trouver enfin face à face avec un phénomène jusqu'ici seulement étudié dans les livres ou vu à petite échelle est, je crois, ce qui unit tous les chercheurs de toutes les catégories. Avec une stupeur intense, je me rends compte que l'eau venant de la surface n'est pas la source principale qui alimente ce puits naturel dans la glace : un conduit horizontal positionné à environ cinq mètres génère un jet d'eau à une pression extrêmement élevée, sortant d'une paroi du moulin pour se répandre sur la partie opposée. C'est ce que, dans notre jargon, nous appelons l'*englacial channel*, littéralement le « tunnel à l'intérieur de la glace », chose dont j'avais entendu parler, mais que, pour des raisons évidentes, je n'avais jamais pu observer en vrai. Ces conduits se développent dans la glace pendant l'été. Initialement, ils sont réduits en nombre comme en dimensions mais, à mesure que la saison avance et que la quantité d'eau produite par la fonte augmente, leur diamètre s'agrandit toujours plus, créant un système de drainage très efficace, à travers lequel l'eau rejoint l'océan, contribuant à la hausse du niveau de la mer.

L'eau, entre les glaces, n'est pas seulement transportée par les fleuves et lacs en surface, mais aussi par des canaux souterrains qui se déplacent et changent sans cesse. J'ai toujours fait le rapprochement entre cette espèce de labyrinthe glaciaire dissimulé sous le manteau bleu de l'Arctique et la Naples souterraine : les catacombes, le visage caché de la ville où une vie parallèle et semblable à celle des habitants de la surface s'est agitée pendant des siècles en silence. La dernière fois que nous avons marché entre les murs très étroits sous la place du Plébiscite, en passant par Rome et les quartiers espagnols, il me fut impossible de ne pas penser aux canyons sous la glace comme ceux que j'ai devant moi.

Ce qui est incroyable, c'est qu'en dessous de ces canaux, il en existe d'autres, encore plus profonds et plus grands : des données recueillies par la Nasa ont récemment révélé la présence d'un canyon auparavant inconnu caché sous presque deux mille mètres de glace groenlandaise. Dans certains points, il a une profondeur atteignant les huit cents mètres et une largeur pouvant approcher les dix mille mètres, ce qui en fait le plus long canyon découvert sous terre, plus important que le Grand Canyon.

Enfin, nous récupérons notre appareil et, après plusieurs heures, nous rejoignons les autres. Nous regardons aussitôt les données recueillies. Tout est là : nous parvenons à voir le moment où la barque largue le capteur et quand les premières mesures de profondeur du lac sont enregistrées ; nous relevons les légères oscillations dues aux petites variations de la température, du vent, du moindre détail qui, même de façon imperceptible, parvient à modifier la hauteur de la colonne d'eau au-dessus du capteur.

Et surtout, nous avons les chiffres de l'effondrement : le lac a été englouti en une quarantaine de minutes. Si nous étions restés là-bas, nous aurions été aspirés nous aussi sans possibilité d'y réchapper, nous élevant au rang de symbole contemporain de l'exploration arctique et de la stupidité humaine. Nous revenons vers le camp de base, fourbus mais heureux, avec l'espoir que les données tout juste enregistrées nous aident à comprendre mieux le comportement de cet animal mystérieux et majestueux qu'est la glace du Groenland.

7

UN TROU DANS LA GLACE

Sur le chemin du retour, nous sommes encore euphoriques, nous stimulant les uns les autres avec des détails nouveaux, comme si nous ne voulions pas laisser s'échapper l'événement incroyable dont nous venons d'être témoins. Nous avançons côte à côte tout en alternant dans des combinaisons changeantes. Quand je me retrouve à côté de Christine, l'une des doyennes du projet, l'enthousiasme se transforme en souvenirs et, entre deux rires, nous nous retrouvons immergés dans notre première expédition ensemble, en Antarctique, il y a plusieurs années.

Les Vallées sèches sont l'un des rares lieux dans l'immensité de l'Antarctique à ne pas être recouverts de glace, ou du moins pas complètement. Avec Christine, nous étions partis là pour étudier des bactéries qui se trouvent seulement dans cet endroit, ce qui représentait une occasion unique. L'accès à ces lieux, protégés par un traité international établissant qu'aucun pays ne contrôle et ne pourra jamais contrôler l'extrême continent austral, est réservé à seulement quelques individus par an, et toujours pour des motifs liés à la recherche scientifique. Le paysage semble lunaire, voire martien, avec des pics rocheux rougeâtres encore partiellement enneigés qui pointent de la glace. Le vent souffle presque tous les jours avec une violence inégalée, érodant la roche et dispersant des débris couleur rouille sur les territoires avoisinants. Aux confins entre glace et mer, le vert émeraude de l'océan froid apparaît brièvement avant de laisser place au blanc de la glace marine.

Je me rappelle que pendant que nous marchions vers le camp de base, nous avions croisé la carcasse de ce qui devait être un phoque. Christine m'avait expliqué qu'il était là depuis on ne savait combien de temps, car du fait de la basse température et de l'humidité réduite, le corps mettait très longtemps à se décomposer. Il pouvait être là depuis une dizaine ou une centaine d'années. Mais mon souvenir le plus net de ce voyage, ce sont les vents. Les vents dits *catabatiques*, générés par l'air qui descend comme une cascade sous l'effet de la force gravitationnelle, sont puissants au point d'avoir des aspects comparables à la force d'un ouragan. C'est justement pendant l'expédition avec Christine que, dans la tente, profitant d'un repos bien mérité, j'ai été réveillé par ce que j'ai cru dans mon sommeil être la main de ma fille pour découvrir ensuite que la tente s'était repliée jusqu'à me toucher le visage.

Nous nous sommes dirigés vers la structure la plus fiable (la tente-cuisine) où nous sommes restés à attendre pendant près de dix heures que les vents se calment.

On ne peut assister à un tel spectacle en aucun autre endroit de la Terre. Justement à cause de ce caractère unique, ceux qui ont eu le privilège de visiter ce lieu doivent eux aussi respecter les ordonnances restrictives imposées par le gouvernement américain, qui a en « gestion » cette partie de l'Antarctique. Je me souviens parfaitement que nous avions suivi avec grande précaution les instructions afin de réduire au minimum l'impact négatif potentiel de la présence humaine sur le territoire. Même pour marcher, nous devions prêter une attention extrême, utilisant les roches et bosses présentes comme les planches d'un pont imaginaire suspendu au-dessus d'un univers d'algues, de fleurs, de lichens et autres micro-organismes de l'écosystème.

Pendant que nous continuons d'avancer parmi les glaces groenlandaises, je reste près de Christine, contrevenant aux règles tacites de rotation à la tête du groupe. Je regarde autour de moi : nous sommes entourés de minuscules trous sombres d'un diamètre allant de quelques centimètres à plusieurs dizaines, pas très différents de ceux que nous avons tous les deux vus en Antarctique. Peut-être est-ce ce souvenir qui nous pousse à nous arrêter pour mieux les examiner : à mesure que nous avançons, le nombre de trous ne fait qu'augmenter, comme par enchantement, et leurs contours se font plus nets. Ce sont les *cryoconite holes*, les trous à cryoconite, et pour comprendre l'écosystème des glaciers, il est important de connaître leurs caractéristiques, d'en étudier la morphologie, la distribution et la stabilité.

Ces cylindres constellant la surface de la glace sont une véritable oasis vitale, l'unique lieu où la vie se développe sur les calottes polaires. Malgré la grande abondance d'êtres vivants dans les eaux entourant l'Antarctique, sur le continent la vie est quasiment absente, et on parle là d'une immensité à la superficie d'une fois et demie les États-Unis. Un endroit qui possède la plus grande réserve d'eau douce de la planète entière (70 % de l'eau présente sur Terre), mais qui n'est pas un modèle d'hospitalité, sachant que les températures peuvent atteindre les - 90 °C (estimation la plus basse jamais enregistrée au monde) avec des vents soufflant (ou plutôt fonçant) à des pics de deux cent cinquante kilomètres par heure : c'est-à-dire équivalents aux ouragans les plus catastrophiques, de force 5, qui dévastent parfois l'Amérique ou l'Asie. Sur ce point, le Groenland n'est pas si différent, étant donné que personne n'y vit en dehors des quelques oasis urbaines le long des côtes.

Nous observons de près ces structures géométriques glaciaires : au fond, à travers l'eau dont ils sont remplis, on remarque une matière sombre : c'est la cryoconite proprement dite, un sédiment composé de poussières, de déchets, d'algues et de bactéries, présente en dehors des pôles dans les glaciers du Canada, du Tibet et de l'Himalaya. Cette substance se rassemble à l'intérieur des trous parce que les déchets qui la composent, absorbant le rayonnement solaire, réchauffent la glace jusqu'à la fonte. L'un des premiers éléments fascinants à démontrer est que ces déchets sont certes d'origine terrestre, mais pas seulement : on a calculé que chaque kilo de cryoconite contient environ dix grammes de sable d'origine terrestre, près de huit cents de petites billes cosmiques (provenant de comètes, d'astéroïdes ou de poussière interstellaire, faisant partie du spectre des matières qui sont entrées en collision avec la terre) et deux cents de « micrométéorites » partiellement fondues. Fait encore plus stupéfiant, jusqu'à il y a un siècle et demi, personne n'était au courant de leur existence. C'est Adolf Erik (Nils) Nordenskiöld qui les a décrits pour la première fois, celui-là même qui, quelques années plus tard, partait de Göteborg à bord de la Vega et rejoignait le détroit de Béring, longeant les côtes septentrionales de ce que nous appelons l'Eurasie et prenant le fameux « passage du Nord-Ouest ». Lors de la lointaine année 1870, cet explorateur arctique et géologue scandinave (qui avait la double nationalité finlandaise et suédoise) s'est donné la peine de raconter de façon plus ou moins détaillée ce qu'étaient ces trous cylindriques qui se trouvaient dans la glace (et que bien peu avaient vus en dehors de lui et des autres explorateurs).

Le nez à quelques centimètres des trous, je réfléchis à la capacité à nous surprendre de l'entêtement de la nature, depuis les manchots qui traversent le continent antarctique juste pour pondre (alors que normalement, ils ne s'éloigneraient jamais de la côte pour ne pas mourir de faim) jusqu'aux micro-organismes et aux bactéries aux noms extravagants façon *Seigneur des anneaux* – les vers annelés, les *phylum nematoda* – qui cherchent la survie ici, à l'intérieur de la glace. La capacité d'adaptation et d'évolution dans des conditions extrêmes de certains des « habitants » de ces trous les rend uniques d'une certaine manière, en faisant d'eux des candidats idéaux pour l'étude de la vie extraterrestre. En effet, début 2016, un groupe de scientifiques japonais a réussi à « ressusciter » deux animaux microscopiques qui étaient restés en hibernation pendant plus de trente ans dans des échantillons de glace récoltés en Antarctique : ainsi, endormis du temps de Ronald Reagan (le 6 novembre 1983 exactement), quand les États-Unis et l'URSS dominaient le monde et que les premiers skateboards roulaient dans les rues, ils furent « réveillés » de leur long sommeil le 7 mai 2014, à l'ère des smartphones et des réseaux sociaux. Il s'agissait de deux tardigrades (*acutuncus anatarcticus*), des créatures microscopiques d'environ un demi-millimètre à huit pattes, chacune dotée de quatre à huit articulations, d'aspect curieux – on dirait des micro-mammifères auxquels on a enlevé le pelage du dos.

Ces derniers temps, les tardigrades sont devenus des coqueluches d'Internet sous le nom d'oursons d'eau. Pourquoi un tel succès ? Sans doute parce que le tardigrade ressemble à un héros de jeu vidéo : on peut le congeler, le faire bouillir, l'écraser, le priver de nourriture et d'eau pendant des années, mais il sera toujours en vie. Il est impossible de tuer un tardigrade ! C'est le candidat idéal

Bordures de la glace aux alentours
de Kangerlussuaq (Groenland)

La glace du Groenland
depuis l'hélicoptère avant l'atterrissage

Sur ces pages :
Iceberg aux environs de la petite ville d'Ilulissat
(sud du Groenland)

Les Vallées sèches de McMurdo (Antarctique)

Ruisseau créé par le dégel d'un glacier
(Groenland)

Canyons générés par l'écoulement de l'eau
(Groenland)

Icebergs dans la baie d'Ilulissat (Groenland),
photographiés lors d'une excursion en mer au milieu de la nuit

Vue d'hélicoptère
de la calotte groenlandaise

Ouverture dans la glace générée par le drainage
de l'un des lacs qui se forment à la surface (Groenland)

Notre camp de base
à proximité d'un des lacs groenlandais

Vue de la tente avant le coucher
(Groenland)

pour habiter les trous de cryoconite. Les oursons d'eau comptent parmi les créatures les plus fascinantes au monde, par leur capacité d'adaptation aux environnements les plus extrêmes ; on peut les trouver dans les plus profondes des fosses océaniques, dans les déserts les plus chauds, sur les cimes désolées de l'Himalaya et donc, en Antarctique, où Christine et moi avons fait leur connaissance : ils ont réussi à survivre aux dinosaures et sont tellement coriaces qu'ils peuvent résister (en plus de l'ébullition et de la congélation) à des environnements extraterrestres.

Dans le cas des animaux « décongelés » de l'expérience japonaise, la survie a été possible grâce à un processus qu'on appelle cryptobiose, durant lequel le métabolisme ralentit jusqu'à 0,01 % de la fonction normale – imaginez votre rythme cardiaque passer de soixante battements par minute à seulement un battement toutes les deux minutes ! Pendant ce processus, toute l'eau du corps est expulsée et l'animal se dessèche pour prendre l'aspect d'une petite brindille indestructible. Pour atteindre leur but, il est même possible que certains substituent à l'eau dans leur corps une espèce d'antigel naturel. Se libérer de l'eau est fondamental ; c'est ainsi qu'ils parviennent à éviter, par exemple, les dommages provoqués aux cellules pendant la congélation.

Les collègues japonais ont mis en évidence une autre de leurs caractéristiques, encore plus surprenante. L'un des deux animaux, une fois « décongelé », a réussi à se reproduire. La procédure était la suivante : les deux animaux

– surnommés par les scientifiques Sleeping Beauty-1, ou Sb-1, et Sleeping Beauty-2, ou Sb-2 (la Belle au bois dormant 1 et 2) – ont été positionnés dans deux petites fosses sur une plaque de culture, de façon qu'ils puissent être observés et nourris. Au cours de la procédure, les chercheurs ont aussi obtenu un œuf qui fut placé dans une autre petite fosse et surnommé Sb-3. Dans chaque creux, ils ont mis du gel d'agar-agar – produit utilisé en biologie moléculaire –, de l'eau minérale française et de la chlorella – algue contenant de la chorophylle –, ingrédients qui étaient renouvelés toutes les semaines. Au bout d'un certain temps, on a trouvé d'autres œufs, lesquels ont tous éclos avec succès.

Les excellents résultats des recherches sur les tardigrades des Japonais sont indiscutables mais, dans une telle ambiance, Christine me rappelle l'importance de l'étude extrêmement précieuse pour l'avenir d'un groupe de chercheurs de l'université de Milan-Bicocca (en collaboration avec d'autres collègues de l'université des études de Milan et de l'Académie des sciences bavaroise). Ils ont appliqué pour la première fois au monde les techniques de séquençage massif de l'ADN sur les sédiments surglaciaires et les « habitants » qui en peuplent la surface. Les résultats des analyses ont montré que les bactéries qui vivent dans les glaciers des Alpes lombardes, du Baltoro et du Kashmir n'utilisent pas deux mais quatre voies métaboliques en vue de produire les éléments nécessaires à leur croissance : non seulement la photosynthèse oxygénique (qui utilise le CO_2 et l'énergie solaire pour produire de l'oxygène) et la respiration (qui se sert de l'oxygène et de substance organique pour produire le CO_2), mais aussi l'oxydation du monoxyde de carbone et un métabolisme photosynthétique qui ne produit pas d'oxygène. En outre, d'autres recherches ont révélé que le génome des tardigrades contient plus d'ADN externe que toute autre espèce animale connue. En quelques mots, cela signifie qu'une partie de leur patrimoine génétique, au lieu d'hériter des gènes des aînés, pourrait provenir de plantes, bactéries et champignons.

J'examine à nouveau le fond des trous avec fascination, bien qu'on ne distingue quasiment rien à l'œil nu. Dans les trous de cryoconite, on ne trouve pas seulement des tardigrades, mais aussi une autre série d'organismes tout aussi passionnants, et c'est là que survient une grande différence entre Antarctique et Groenland : en Antarctique, le contenant gelé peut résister pendant des années et traverser intact le cours des saisons, créant une espèce de petite expérience pour la vie extrême. La présence de la glace empêche le rayonnement solaire de rejoindre le fond des cylindres et cela a une conséquence directe : la photosynthèse (processus chimique par lequel les plantes et autres organismes produisent des substances organiques et sur lequel se base la majeure partie de la vie sur notre planète) ne peut se faire.

L'existence de cette vie « différente » par rapport à celle qui nous est plus familière dépend d'un processus appelé chimiosynthèse bactérienne, qui est utilisé par les êtres vivants en question. À la différence de la photosynthèse, un tel processus profite de l'énergie libérée par des réactions chimiques pour produire des substances organiques. Plus simplement, nos petits êtres sont entièrement autonomes et autosuffisants, poursuivant leur vie dans un isolement total. Les facteurs environnementaux que nous retrouvons dans ces paysages et terrains antarctiques peuvent être considérés parmi les plus proches de ceux qui, d'après les dernières études, existent probablement sur d'autres planètes. Les glaciers et les calottes polaires sont parmi les environnements les plus extrêmes de notre monde, non seulement parce qu'ils sont isolés et froids, mais aussi à cause des niveaux élevés de rayons ultraviolets, qui les rendent similaires à des planètes ou à des lunes glacées : Mars en premier lieu, mais aussi d'autres corps célestes glacés comme Europe, l'un des satellites de Jupiter.

Europe, qui a des dimensions un peu inférieures à celles de la Lune (découverte par Galilée en 1610) est composée principalement de silicates et a une croûte constituée d'eau glacée. Les microsystèmes biologiques que nous trouvons sur la glace sont donc de véritables « laboratoires naturels » qui peuvent aider à mieux comprendre les conditions de vie extraterrestre. Cela est aussi le motif pour lequel ils sont fondamentaux dans la recherche de la branche scientifique qui étudie la vie – ou sa possibilité – sur d'autres planètes : l'astrobiologie. Prenons par exemple les récentes missions sur Mars de la Nasa, ou la course spatiale renouvelée pour explorer plus à fond notre système solaire. Ces derniers temps, grâce à des initiatives européennes et aux incitations – y compris financières, bien sûr – de pays comme la Chine, on voit toujours davantage d'offres et d'opportunités de creuser bien plus en profondeur.

Je me retourne un instant pour contempler le ciel. Celui qui regarde les étoiles la nuit, fasciné par cet univers méconnu, se demande souvent s'il existe vraiment là-haut (ou là en bas), quelque part, une forme de vie pouvant être similaire à la nôtre. Et nous savons que la prochaine fois que nous « regarderons » scientifiquement les étoiles, nous pourrons aussi utiliser ce que nous avons découvert grâce à ces « monstres » passionnants, dont la beauté magique est indissolublement liée au grand secret qu'ils pourraient renfermer ; un secret qui demeure avec eux sur cette planète flottante, avec des milliards d'autres, dans l'univers sombre.

Ce n'est pas toutefois ma seule pensée. La présence des trous favorise la fonte de la glace en raison de leur couleur sombre et de l'absorption accrue de l'énergie solaire qui en dérive. La vie de ces curieux orifices a une durée limitée, sachant qu'elle dépend de la présence d'eau à l'état liquide : plus la glace fond, plus la vie dans ces trous peut proliférer. Cependant, quand le glacier où se sont fixées les cryoconites commence à fondre, la matière des orifices est transportée par le courant et les petits trous disparaissent. C'est là qu'entre en jeu le changement climatique : plus les glaciers fondront, moins ils résisteront aux trous de cryoconite et ces formes de vie que nous avons découvertes à l'intérieur deviendront toujours plus rares, ou alors, l'augmentation de l'eau à l'état liquide favorisera une prolifération ultérieure de ces trous. Pour le moment, la solution à cette énigme demeure aussi un mystère.

8
LE CHAMEAU POLAIRE

Nous avons finalement rejoint le campement. On est déjà le soir, la journée a été longue et parfois éprouvante, mais je n'ai pas conscience de mon niveau de fatigue avant de m'arrêter. Je suis satisfait : nous avons recueilli beaucoup de données ; c'est seulement en s'arrêtant et en les passant en revue tranquillement dans un endroit clos qu'on se rend compte de l'utilité des appareils qu'on a pris la peine d'emporter.

Sur le chemin du retour, nous avons longtemps marché sur la « vieille » neige, celle qui entre nous, adeptes des travaux, est connue comme *firn* : la surface granuleuse qui s'accumule dans la partie la plus haute des glaciers. La « vieille » neige est celle qui se transforme en glace pour ensuite devenir avec le temps la surface bleue que nous avons parcourue avec admiration. Nous nous sommes encore mis à creuser sans répit en certains endroits pour mesurer les propriétés de la neige avec les instruments, presque comme si nous cherchions un trésor ; et après tout, la neige est notre trésor. C'est là que se nichent l'histoire et l'avenir du Groenland.

Les sacs à dos nous pèsent. Enfin, nous pouvons les poser et défaire les harnais de sécurité, lourds mais ô combien nécessaires. Avec chaque couche que j'enlève, le confort est tel que j'ai l'impression de glisser sur la glace. Quelqu'un pense déjà au dîner, mais il est encore trop tôt : nous devons démonter certains appareils, contrôler avec précision que les instruments n'ont pas été endommagés et les mettre dans des étuis spéciaux qui les protègent des intempéries auxquelles ils sont exposés, restant toute la nuit devant nos tentes, comme des chiens fidèles.

Je me mets à genoux dans l'espoir de rendre moins perceptible la gêne à la limite de la douleur qui irradie de mes articulations : me relever demande plus d'efforts que d'habitude, mais ça en vaut la peine. Je me sens déjà un peu mieux. Je me tourne et trouve Ian tête baissée vers la glace, pieds en l'air, dans une posture de yoga. Chacun essaie de reprendre comme il le peut possession de son corps. Je prends une photo en riant sous cape, pensant au moment où je la glisserai en catimini parmi les présentations pour inviter le public à regarder le monde sous divers points de vue. Ian me sourit sans se douter de rien, avec ses manières discrètes qu'il n'abandonne jamais, même retourné à cent quatre-vingts degrés.

Nous avons les mains endolories, sur les paumes des dizaines d'égratignures microscopiques que nous nous sommes faites malgré les protections. Les cristaux de glace dans la neige du Groenland ne sont pas comme ceux auxquels nous sommes habitués dans nos montagnes, mous : ils sont plus gros, plus résistants, plus effilés. Il suffit d'une légère négligence – un gant enlevé, un petit accroc dans le tissu, le simple fait de toucher la neige à mains nues – et nous en sommes punis. Les entailles sont minuscules, même pas encore perceptibles, car la température anesthésie rapidement la peau, mais sitôt que les mains se réchauffent apparaît une sensation de brûlure pénible qui nous accompagnera pendant les prochains jours.

Je consulte encore et encore les données que nous avons recueillies. C'est une vieille habitude, devenue quasiment un rituel ; nous scientifiques cherchons toujours quelque chose qui ne cadre pas, un petit détail qui pose question, un doute. Paradoxalement, on pourrait dire que nous avons plus de confiance dans le doute que dans la vérité. Nous sommes malades de perfectionnisme et obligés de mettre à l'épreuve nos idées et nos résultats jusqu'au moment où nous n'arrivons plus à trouver un point de rupture ; quand ça n'arrive pas, c'est que nous sommes devant un succès dont nous pouvons être reconnaissants.

Les modèles climatiques sont un bon exemple. Ce sont des projections qui cherchent à représenter de la façon la plus approximative possible la santé de notre planète, ou plutôt, les processus qui en régulent le fonctionnement, grâce auxquels nous pouvons tenter de comprendre ce qui s'est produit par le passé et ce qui arrivera à l'avenir. Ils sont comme une boule de cristal numérique – et scientifique – de nos jours. Avec les modèles climatiques, nous pouvons entre autres effectuer des estimations plus ou moins précises du nombre de degrés dont augmentera la température sur terre si nous continuons de dégager du CO_2 dans l'atmosphère, ce qu'il adviendra des glaces, des forêts, de la neige, des nuages et ainsi de suite. Les modèles réussissent à expliquer et simuler l'état de notre planète dans un passé désormais éloigné, son état dans le présent parfois chaotique et dans un avenir encore entièrement à imaginer, révélant avec des preuves irréfutables l'état probable de la Terre il y a des millions d'années, quand là où aujourd'hui se dresse New York, le terrain était couvert d'une épaisse calotte polaire.

D'après certains – et parmi eux, ceux qui nient l'existence du changement climatique –, sachant que de tels modèles en réalité ne sont pas capables de prévoir avec précision les effets d'une tempête arrivant sur nos côtes dans les quelques jours, il est impossible de simuler le comportement de la Terre dans cent ou mille ans. L'explication est très simple et, dans ce cas aussi, tout devient clair avec un exemple : essayez d'imaginer que le modèle climatique est un instrument pour prévoir quand l'eau dans une casserole sur le feu se mettra à bouillir. La thermodynamique (étude de la propagation et du transfert de la chaleur) nous fournit les équations pour établir nos estimations et personne aujourd'hui ne mettrait en doute le fait qu'un scientifique (mais aussi un étudiant en physique ou ingénierie de deuxième année) est en mesure d'établir cette estimation avec une certaine exactitude. Et pourtant, si nous voulions prédire le comportement des bulles qui se forment dans la casserole quand l'eau bout – une par une, avec une grande précision –, nous ne pourrions pas. Or les modèles climatiques se fondent sur les mêmes équations de la thermodynamique et cherchent à prévoir ce qui arrive au « système » Terre et non pas à chaque bulle.

Bien entendu, les scientifiques n'ont pas une foi aveugle en la perfection des modèles, celle des données ou quoi que ce soit d'autre en rapport avec la « science », et pour tant de modèles qui fonctionnent, il en existe aussi qui échouent. Le pire est de prendre une thèse pour acquise : il arrive à tout le monde, y compris dans la vie de tous les jours, d'accueillir des notions et des faits comme vrais seulement parce qu'ils font partie de la culture commune, mais pour la science, chaque fois qu'en observant ou en analysant quelque chose nous disons « c'est comme ça », « c'est bien connu », ou en banalisant encore plus, nous coupons court à un argument avec « tout le monde sait que », nous commettons une erreur.

Je repense par exemple à l'expérience du psychologue Solomon Asch. On était en 1958 et Asch a montré à un groupe de personnes une série de lignes de différentes longueurs en leur demandant d'identifier celles qui mesuraient autant qu'une autre ligne montrée à part. Plus de la moitié des « sujets » ne savaient pas qu'il s'agissait d'une expérience de psychologie et croyaient qu'il s'agissait plus simplement d'un examen d'acuité visuelle ; les autres étaient tous des collaborateurs d'Asch qui modifiaient leur réponse (de juste, elle devenait fausse) pour influencer les participants et les faire changer d'idée. À l'arrivée, nombre de ceux qui avaient sélectionné la réponse exacte la changeaient pour une fausse, juste pour s'aligner sur les réponses des autres. C'est un comportement révélant le conformisme social auquel nous sommes tous soumis, explique Asch, un phénomène remontant probablement à l'époque où nos lointains ancêtres ont commencé à vivre en groupes et communautés, à l'intérieur desquels ils se mirent à partager une partie de leurs connaissances pour se protéger et se nourrir. Des connaissances totalement empiriques.

Une autre histoire décrivant bien que les conventions collectives sont difficiles à faire tomber est celle du « chameau polaire ». Je l'ai entendue il y a un moment, dans une émission, et elle est restée gravée dans ma mémoire. Nous sommes tellement habitués à associer les chameaux avec le désert que parler de chameau polaire semble l'oxymore par excellence, alors que, encore une fois, la réalité dépasse la fiction, mettant à l'épreuve aussi ce qui peut apparaître évident.

Nous sommes en 2006. Natalia Rybczynski, paléobiologiste canadienne et chercheuse pour le Canadian Museum of Nature, compte parmi les professionnels les plus remarqués dans les études de la vie préhistorique. Un jour, pendant une des nombreuses expéditions au-delà du cercle polaire arctique, dans la toundra canadienne la plus extrême – terre riche en fossiles préhistoriques –, elle découvre un objet. À première vue, rien de particulièrement intéressant : couleur rouille, dimensions de la paume d'une main, il ressemble à un bout de bois. Natalia décide toutefois de l'emporter, sachant que le site en question est connu pour sa richesse en plantes préhistoriques. Une fois rentrée au camp, pourtant, elle pense de nouveau à cet objet car il y a quelque chose qui la chiffonne. Elle repart au laboratoire pour l'examiner avec attention et note finalement un détail curieux : l'objet mystérieux ressemble beaucoup plus à un os qu'à un morceau de bois. Dans les quatre années qui suivent, Natalia retournera dans cette zone plusieurs fois, récoltant toujours d'autres fragments similaires à celui-ci, jusqu'à arriver à une bonne trentaine, tous de différentes dimensions. Elle commence à entrevoir un schéma, devine que là-dessous, quelque chose pourrait se révéler très important. Le problème à ce moment devient autre : comment et dans quel ordre rassembler les morceaux ?

Ce casse-tête n'est pas facile à solutionner. Pour rassembler des pièces aussi similaires, il faut non seulement de la préparation technique, mais aussi un certain degré de précision manuelle, étant donné la fragilité et les petites dimensions des fragments. Natalia s'aide d'un scanner tridimensionnel grâce auquel elle parvient à les recomposer numériquement en un morceau unique et à identifier à quoi ils ont pu appartenir : son intuition était bonne, il ne s'agissait pas d'une plante mais d'un os. Plus spécifiquement, un tibia, et pas n'importe lequel. L'œil expert de Natalia l'identifie aussitôt comme appartenant à un ongulé. Il pourrait s'agir d'une vache, ou éventuellement d'un mouton, mais certains détails l'incitent à penser que la réponse est autre : la taille est trop importante. Il convient de réaliser un nouveau test. C'est à ce moment que Natalia choisit une nouvelle approche, un peu extrême : prélever une toute petite portion de l'os.

Et voilà le détail, le germe qui insinue le doute chez le scientifique : à peine incise-t-elle le fragment de tibia que Natalia reconnaît une odeur familière qui l'a accompagnée pendant les interminables séances d'anatomie passées à sectionner des crânes en tous genres : le collagène. Le principal composant des tissus conjonctifs, l'un des quatre types fondamentaux de tissus qui composent le corps des animaux.

Les spécialistes le savent bien – et, en général, l'ont expérimenté sur le terrain –, le tissu conjonctif se décompose assez rapidement à l'échelle des temps géologiques (c'est-à-dire en plusieurs années ou décennies). Dans le cas du tibia reconstitué avec les différents fragments osseux retrouvés par Natalia, il était cependant arrivé quelque chose d'extrêmement rare : l'Arctique avait agi comme un grand congélateur naturel et ces morceaux s'étaient ainsi conservés parfaitement, depuis on ne sait combien de temps, comme s'ils avaient été entreposés dans un réfrigérateur très puissant.

Les années passent et Natalia est devenue encore plus connue dans le milieu scientifique pour sa découverte de 2007 avec deux collègues. Il s'agit d'un palmipède du Miocène (il y a environ vingt millions d'années), une sorte de grand phoque préhistorique dont le squelette a été reconstitué aux deux tiers grâce aux os retrouvés dans le Nunavut, la plus grande province au nord du Canada, qui comprend la majeure partie de l'archipel arctique canadien. L'équipe lui a donné pour plaisanter le surnom de Bacon, comme le lard omniprésent dans la cuisine anglo-saxonne, que les chercheurs canadiens mangeaient en abondance dans les glaciers. Le nom scientifique est évidemment autre : *puijila darwini*. Le premier mot est en langue inuktitut, parlée par les Inuits du Canada et signifie « jeune animal marin ». Le deuxième est un hommage à Charles Darwin.

Grâce à ce palmipède préhistorique, Natalia a davantage de possibilités (et de financements) pour ses études et recherches, et c'est aussi grâce à Bacon que le monde scientifique l'écoute avec une plus grande attention. Plusieurs années après, la chercheuse rencontre un collègue à l'occasion d'une conférence : tous deux parlent beaucoup, discutent, échangent des données et puis le collègue lui montre les résultats d'une nouvelle méthode appelée « empreinte digitale du collagène ». C'est là le tournant de notre histoire.

Les scientifiques avaient découvert que les différentes espèces animales ont – même de façon discrète, parfois presque imperceptible – différentes structures de collagène qui les identifient, comme une espèce d'empreinte digitale. Grâce aux techniques les plus récentes, les résultats de l'analyse du collagène d'un os inconnu peuvent être comparées à ceux des espèces animales enregistrées, de façon à essayer d'identifier l'animal d'origine. En accord avec le collègue rencontré à la conférence et les autres chercheurs de son équipe, Natalia décide ainsi de soumettre une partie du tibia retrouvé en 2006 à l'examen du collagène.

Le résultat est stupéfiant. Non seulement l'os remonte à une période très lointaine (il y a largement trois millions et demi d'années), mais ce tibia préhistorique appartient à un animal que personne n'aurait imaginé avoir pu habiter là où aujourd'hui règnent les glaces : un chameau. Il ne s'agit pas, bien sûr, d'un chameau comme ceux que nous connaissons aujourd'hui, sachant que celui ayant vécu il y a trois millions et demi d'années dans cette zone polaire devait peser près d'une tonne et mesurer quasiment trois mètres au garrot, mais il était toutefois lointainement apparenté à notre « caravane du désert » actuelle. Natalia avait découvert, grâce à sa ténacité, le « chameau arctique », ou encore « chameau polaire », une espèce jusque-là inconnue.

Lorsque nous utilisons le mot « chameau », la première chose qui nous vient à l'esprit, ce sont les quadrupèdes que nous pouvons trouver en Orient et en Asie centrale, éventuellement en les confondant avec leur cousin, le dromadaire. Peut-être vous rappelez-vous la différence depuis l'école : le premier a deux bosses alors que le second n'en a qu'une. Certains, surtout s'ils ont seulement vécu en Amérique du Sud, pourraient à la limite faire penser au lama andin, mais même en rêve, personne n'aurait jamais imaginé associer un tel animal aux glaces polaires.

Comment donc un chameau s'est-il retrouvé au pôle Nord ? Les scientifiques ont découvert il y a un moment – et de nombreuses recherches dans les dernières décennies l'ont confirmé – que les chameaux sont en réalité originaires du continent nord-américain, où ils ont vécu pendant une grande partie des millions d'années de leur existence sur notre planète. Les chameaux (mais aussi des animaux plus universels comme les chevaux) ont eu des origines américaines avant de migrer en Eurasie par le détroit de Béring (qui pendant la préhistoire était un lambeau de terre du nom de Beringia) et, ce faisant, ils rejoignirent probablement aussi les premiers hommes de l'actuel continent américain.

Les premiers chameaux (baptisés *protylopus*) vécurent en Amérique du Nord il y a environ quarante ou cinquante millions d'années. Selon certaines études, pendant la période tardive de l'Oligocène (entre trente-quatre et vingt-trois millions d'années avant nous) et le premier Miocène (il y a vingt millions d'années), les chameaux évoluèrent rapidement, produisant différents genres avec différentes structures anatomiques. Ainsi se développèrent des chameaux aux membres courts, au corps semblable à celui d'une gazelle ou même d'une girafe. Une riche diversité qui se réduisit progressivement jusqu'à ce qu'il reste peu d'espèces en Amérique du Nord, qui s'éteignirent entièrement il y a onze mille ans environ. Les ancêtres de ceux que nous connaissons aujourd'hui, descendants du *Paracamelus* désormais éteint, franchirent le détroit de Béring il y a environ sept millions d'années. La majeure partie des *Paracamelus* continua de vivre en Amérique du Nord pendant que le *Camelops*, ancêtre des chameaux du désert, s'adaptait à de nouveaux territoires.

Pour les scientifiques, notamment les paléontologues, ce n'est donc pas une surprise de trouver les restes d'un chameau dans le vaste territoire de l'Amérique septentrionale. Personne, toutefois, n'en avait jamais trouvé (ni même imaginé en trouver) aussi près du pôle Nord. Il y a trois millions d'années, à l'ère géologique du Pliocène, la température terrestre dépassait de deux ou trois degrés celle de maintenant et le niveau des mers s'élevait jusqu'à plus de vingt-cinq mètres par rapport à nos jours. À cette période, la Terre et les continents n'étaient pas comme nous les connaissons aujourd'hui. L'Amérique du Nord et du Sud se rejoignirent et l'altération des courants océaniques due à la fusion des deux Amériques commença à refroidir l'océan Atlantique, tandis que le rapprochement de l'Europe et de l'Afrique conduisit à la formation de la mer Méditerranée. Or, d'après ce que nous en savons, à l'époque aussi, l'Arctique était suffisamment froid pour connaître des tempêtes de neige, des températures en dessous de zéro, des lacs et fleuves gelés, de longues périodes d'hiver où la majorité des journées étaient des nuits noires. Notre question peine encore aujourd'hui à trouver une réponse : comment a fait un animal comme le chameau pour survivre dans un tel environnement ?

Natalia et ses collègues pensent avoir une réponse. En analysant la structure des chameaux actuels et en la comparant avec celle du chameau polaire, ils sont arrivés à une hypothèse fascinante : les mêmes caractéristiques qui rendent « notre » chameau adapté à des lieux comme le désert du Sahara pourraient à l'origine aussi avoir été utiles d'un point de vue évolutif pour affronter l'hiver arctique. Les longues pattes pourraient avoir été non un instrument pour mieux marcher dans les dunes et le sable, mais pour se déplacer sur des terres enneigées, un peu comme des raquettes rudimentaires. Peut-être la fameuse bosse, qui contient non de l'eau, comme le pensent beaucoup, mais de la graisse, était-elle susceptible de servir, il y a des millions d'années, pour aider le chameau à surmonter la longue période hivernale, quand la nourriture et la lumière se faisaient rares.

Pour l'instant, il s'agit seulement d'hypothèses, mais les études les plus récentes nous confirment la possibilité que le chameau ait en quelque sorte adapté certaines de ses caractéristiques principales (les longues pattes, la bosse) aux environnements désertiques seulement après des millénaires et de nombreuses migrations vers des zones plus chaudes de notre planète. Bien que cela paraisse fou de seulement y penser, peut-être justement ces « attributs » seraient-ils la preuve – ou du moins un indice concret – de leur passé d'animal arctique.

Cette histoire nous permet non seulement de découvrir la nature « migrante » du chameau – et plus généralement la force propulsive de l'impulsion évolutionniste – mais aussi de réévaluer le rôle de l'Arctique au sein de l'histoire de notre planète, non en spectateur distant mais en protagoniste actif dans le grand théâtre de la vie sur terre. Mais avant tout, l'« affaire Natalia » nous apprend, à nous scientifiques comme aux autres, combien il est important d'entretenir, en toutes circonstances, un esprit critique, même et surtout dans les confrontations de ces idées, de ces faits et de ces connaissances que nous prenons trop pour acquis.

Attention, toutefois, un esprit critique averti n'a rien à voir avec une myopie mentale ou un « négationnisme », avec celui qui réfuterait les recherches établies pour ériger de nouveaux paradigmes menant aux préjugés, mais au contraire, il favorise une ouverture mentale, une tolérance vis-à-vis des idées neuves et différentes, ce qui nous rend tous plus capables d'accepter de possibles « nouvelles vérités ». Qu'il s'agisse de science, de philosophie, de religion ou d'histoire, gardons à l'esprit Natalia et le chameau polaire, souvenons-nous que même un fragment microscopique, un élément si insignifiant qu'il pourrait être écarté, peut chambouler les idées les plus enracinées.

Voilà ce que je pensais pendant que je regardais la grande étendue de glace devant moi, après avoir terminé d'archiver les données récoltées. L'ignorance peut être comblée, il suffit de mettre de côté les « vérités absolues » et de laisser de la place à la recherche, toujours et en toutes circonstances.

Au fond, le monde est un perpétuel devenir où tout coule, y compris et avant tout les idées.

9
UNE LUNETTE SUR L'UNIVERS

Le rituel du dîner a commencé. Première étape fondamentale : faire fondre la glace nous permettant d'avoir l'eau pour cuire le repas. Nous allumons les réchauds de camping – appareils banals, mais aussi importants pour la mission que les machines sophistiquées – disposés sur la table en alu dont nous avons encastré les pieds dans la glace pour avoir le plan le plus horizontal possible. Nous versons un peu d'eau restée dans nos gourdes au fond de la casserole où nous mettons la glace à fondre ; vieux truc de campeur pour qu'elle fonde plus vite, afin d'optimiser les réserves de gaz dont nous disposons. L'eau à l'état liquide transfère l'énergie de la flamme à la glace de manière plus efficace, poussant les atomes d'hydrogène et d'oxygène enlacés dans leur lien moléculaire à s'agiter rapidement, acquérant de l'énergie cinétique.

Je fixe le morceau de glace que nous avons extrait, arraché, extirpé, extorqué à la calotte et qui repose maintenant dans la casserole. Je pense au moment où cette glace – ce morceau précisément – peut s'être formée. Il est difficile de le déterminer avec exactitude car la glace se meut, coule, se mêle à d'autre glace ; elle est vivante. Elle pourrait s'être formée quand Hannibal traversait les Alpes ou peut-être quand les premiers hominidés ont commencé leur longue marche à travers les continents du monde, ouvrant la voie à la colonisation terrestre. Je la regarde fondre lentement et un instant, j'imagine les souvenirs contenus dedans se mêler à l'eau, en une sorte de machine à remonter le temps déboussolée. Les différents composants chimiques, que d'habitude nous utilisons dans les expéditions pour obtenir une datation, fondent sous mes yeux en une danse thermodynamique, presque ivres de l'énergie fournie par la flamme, perdant à jamais leur identité propre.

Et moi ? Combien de souvenirs de différentes vies, parfois rêvées, parfois vécues, se fondent dans mon être ?

Patrick me tape sur l'épaule, me ramenant à la réalité. Il sourit et me dit que le morceau de glace dans la casserole lui rappelle la lentille d'un télescope. Prenant un plus petit fragment, il me regarde à travers ce télescope imaginaire, le visage amusé déformé derrière la pellicule gelée. Moi aussi, je ris. Peut-être ne sait-il pas que les calottes polaires sont effectivement utilisées ces dernières années pour observer l'univers. Il me regarde, surpris, intéressé et un peu perplexe. Je confirme avant de m'asseoir. Malgré la fatigue, à ce stade, je ne peux absolument pas me soustraire à l'explication, d'autant plus que nous ne manquons pas de temps avant que le repas soit prêt.

Beaucoup des télescopes qui ont fourni les informations les plus récentes et les plus exactes sur la naissance de notre univers ont réussi justement parce qu'ils étaient positionnés sur ou sous les calottes polaires. Oui, dessous aussi. Mais procédons par ordre.

Le Groenland peut se vanter d'abriter sur sa côte nord-ouest, près de la base aérienne états-unienne de Thulé, un radiotélescope avec une antenne de plus de douze mètres de diamètre, installé en 2017 dans le cadre d'un défi global – l'EHT : Event Horizon Telescope – qui comprend également le fameux observatoire d'Atacama, au Chili. L'EHT est un projet international ambitieux qui avait comme but ultime l'étude des trous noirs. Réussir à « voir » les trous noirs est un gros problème de la physique du fait de leur composition car l'immense attraction gravitationnelle ne laisse passer pratiquement aucun type de rayon électromagnétique ; ce n'est pas par hasard que les astronomes, pour les étudier, cherchent à « regarder » leur ombre. Le projet EHT se proposait de générer les images de deux trous noirs : celui au milieu de notre galaxie (car oui, il y a un énorme trou noir au centre de la Voie lactée) et un autre plus grand que le premier, au centre d'une galaxie voisine à la nôtre, qui a été baptisé M87. D'autres télescopes, par exemple ceux placés au Chili et à Hawaï, pointent dans la même direction et les données sont recueillies par tous les télescopes du projet EHT pour produire les images finales. Ainsi, grâce au télescope en Antarctique, il y a quelques mois, l'humanité a réussi une entreprise qui semblait impossible : photographier un trou noir avec toutes les conséquences (scientifiques et autres) que cela implique.

Pourquoi précisément le Groenland ? La question de Patrick n'est pas absurde et il existe bien une raison. Pour atteindre l'objectif, le télescope doit fonctionner dans un environnement extrêmement sec. C'est un peu comme quand nous regardons au loin : si la journée est humide, on n'arrive pas à voir après les maisons les plus proches alors que, si le vent souffle et que l'air est sec, nous parvenons à distinguer plus facilement des lieux même très éloignés de nous. Il existe peu de sites sur notre planète en mesure d'offrir l'environnement nécessaire et le sommet de la calotte glaciaire du Groenland en fait partie.

Toutefois, ce qui se passe à l'autre bout du monde est encore plus fascinant : en Antarctique, le SPT (South Pole Telescope) mesure dix mètres de diamètre et se situe près de la station d'Amundsen-Scott. Le SPT est destiné à des observations de l'univers dans le spectre des micro-ondes (celles que nous utilisons pour les fours servant à réchauffer et cuire les plats quand nous sommes pressés). L'objectif, cette fois, n'est pas d'étudier les trous noirs mais de discerner ce qu'il reste de l'explosion ayant généré notre univers : le Big Bang. La théorie de l'origine de l'univers nous dit que, pendant le Big Bang, l'univers était concentré dans un minuscule point, plus petit qu'un atome. La seule chose que nous pouvons affirmer avec certitude, c'est que – dans ses premières phases – celui-ci était composé d'un concentré d'énergie extrêmement chaud, où le temps et l'espace, du moins comme nous les connaissons aujourd'hui, n'existaient pas. Cette phase eut une durée encore inférieure à celle que nos instruments les plus sophistiqués sont en capacité de mesurer : 10^{-36} seconde, c'est-à-dire 0,000000 00000000000000000000000000001 seconde. Pour donner une simple idée du nombre : les horloges atomiques modernes (parmi les instruments les plus précis au monde) parviennent à mesurer le temps avec une précision de « seulement » 0,000000001 seconde.

Diverses phases ont suivi. La première est appelée l'inflation, pendant laquelle notre univers s'est étendu de façon démesurée, suivie par une phase de refroidissement, pour finir par une phase gravitationnelle, quand la matière s'est condensée sous l'effet de la gravité, créant, au cours de nombreux millions d'années, des étoiles et des galaxies. La phase de l'inflation est celle où entre en jeu notre ami le télescope antarctique. Selon diverses études, durant cette phase, le cosmos a été secoué par une myriade d'ondes gravitationnelles qui firent vibrer l'univers sur leur passage, comme une peau de tambour percutée ou la corde d'une guitare pincée. Ce qui demeure encore aujourd'hui de ce passage est un peu comme l'onde de choc d'une explosion qui continue de se propager, ou les ondulations à la surface de l'eau après que nous lançons un caillou.

L'une des façons de tester la théorie du Big Bang est de démontrer l'existence d'un point de vue expérimental des ondes gravitationnelles. À première vue, cela semble une entreprise impossible, mais il est vrai aussi que la science a réussi bien des fois au cours de sa longue histoire dans des aventures qui semblaient impossibles aux contemporains : le vol dans les airs, l'ordinateur, l'exploration spatiale, la génétique. La solution du mystère semblait très proche il y a quelques années. En 2014, un groupe de chercheurs a annoncé avoir mis en évidence les ondes gravitationnelles primordiales en utilisant les systèmes Bicep2 (Background Imaging of Cosmic Extragalactic Polarization, traduit par l'ésotérique « cartographie de la polarisation cosmique extragalactique de fond ») et Kack Array, deux télescopes installés en Antarctique. L'annonce a rapidement fait le tour du monde, devenant un scoop scientifique de premier ordre : non seulement parce que la découverte dévoilait l'un des secrets les plus difficiles à atteindre de notre univers, mais aussi parce qu'il devait confirmer nombre de théories de la physique moderne, parmi lesquelles le Big Bang.

Malheureusement, ce fut une illusion, un mirage galactique destiné à disparaître rapidement. La nouvelle a rapidement été suivie d'un démenti et, en quelques mois, ce qui devait être l'une des plus grandes découvertes récentes a été carrément annulée : une équipe de chercheurs européens utilisant les données recueillies par un satellite appelé Planck (en l'honneur de Max Planck, physicien allemand faisant partie des fondateurs de la physique quantique) a démontré quelques semaines après la « découverte » que les données de Bicep n'étaient pas une conséquence de l'agrandissement de l'univers, mais un signal en grande partie (si ce n'est entièrement) généré par les poussières présentes dans notre galaxie, qui émettent un signal similaire à celui recherché par les collègues. C'est bien dommage qu'encore une fois, la course à l'annonce et à l'effet, l'empressement, la volonté de battre les collègues dans une compétition pour le prix Nobel (qui aurait certainement été l'un des trophées remportés par les scientifiques impliqués si la découverte avait été vraie ou au moins, proche de la vérité) aient tout fait s'effondrer. Y compris l'estime pour les collègues de Bicep et leur estime d'eux-mêmes.

Je m'interromps : un faible souffle de vent traverse le camp, mettant fin au silence qui s'était installé. Je fixe Patrick, qui me regarde lui aussi intensément, dans l'attente que je reprenne le récit. Je souris. La glace m'est toujours plus apparue comme une « lentille du moi » qu'un « outil technologique » parce que nos âmes, dans ces terres gelées, finissent par se fondre avec ce matériau en apparence rigide et inerte : la glace devient ainsi la lentille de nos pensées, de nos peurs, de nos défis, une lentille qui révèle plusieurs aspects de notre caractère. Dans mon cas, c'est surtout le désir d'isolement, caractéristique commune à ceux qui étudient la matière, habituels déserteurs temporaires d'une société trop rapide, chaotique, bruyante, mais aussi amateurs d'une intimité que seuls ces lieux parviennent à créer ; en outre, la curiosité pérenne, la détermination à arriver jusque là où personne n'a jamais mis les pieds et qui demande une préparation logistique, physique et mentale ; ici, là où tout se tait, il y a la place pour les pensées les plus intimes, prêtes à émerger comme celles écrites à l'encre sympathique qui, invisibles à première vue, apparaissent dès qu'on approche la feuille d'une flamme. Ensuite, une fois la bataille terminée, la glace m'aide à fortifier mon mental, étirant mon âme dans des directions auparavant impensables.

Patrick m'arrache soudain à mes pensées. Je jette un œil sur le réchaud et reprends mon catalogue des télescopes « des glaces ». Celui qui est de mon point de vue le plus intéressant de la série est l'IceCube Neutrino Observatory (littéralement, « observatoire « glaçon » pour neutrons ») et se trouve encore une fois en Antarctique, dans la station polaire Amundsen-Scott. Si vous voulez le visiter, inutile de chercher cet observatoire à la superficie. Comme beaucoup de ses collègues à l'extrême nord et sud, il est logé dans le ventre de la glace, sachant que son objectif est de débusquer les neutrons, particules fuyantes sans charge qui, par conséquent, n'interagissent presque jamais avec la matière. À la différence des autres particules chargées qui dialoguent avec les champs magnétiques des étoiles et autres corps célestes, les neutrons passent à travers les objets sans changer leur parcours, voyageant en ligne droite à partir de leur propre source, rendant difficile, pour ne pas dire impossible, leur identification. Malgré l'abondance de telles particules – environ quinze milliards passent à travers un centimètre carré de notre corps à chaque seconde –, c'est justement à cause de ce caractère insaisissable que nous avons besoin d'un révélateur élaboré.

Afin de capturer ces particules et de découvrir leurs sources (qui est elle aussi d'une importance capitale), les physiciens ont besoin d'énormes révélateurs – nous parlons de mesures de l'ordre du kilomètre – construits avec des matériaux qui doivent être « optiquement transparents », comme la glace environnante. Pour réussir à un tel objectif, on a installé plus de cinq mille photocapteurs individuels dans quatre-vingt-six cavités différentes se trouvant à une profondeur de largement deux kilomètres et demi. Repérer les neutrons nécessite l'usage de matières très claires comme l'eau ou la glace. Quand un seul neutron se heurte à un proton ou à un neutron à l'intérieur d'un atome, la réaction nucléaire qui en résulte produit des particules secondaires émettant une lumière bleue qu'on appelle l'effet Tcherenkov.

L'armée de révélateurs contenus dans la glace peut percevoir avec une grande précision le moment où un neutron traverse d'autres particules terrestres et interagit avec elles. Le problème, c'est que ces dernières, originaires de l'atmosphère environnante, peuvent déclencher des mécanismes similaires à ceux des neutrons, trompant les appareils. C'est là l'une des raisons pour lesquelles les récepteurs sont aussi enfouis dans la glace : les interférences des signaux qui contaminent celui des neutrons sont éliminées justement grâce à la glace avant de pouvoir arriver au révélateur.

Patrick s'éloigne et je me retrouve enfin seul. Je ferme les yeux en pensant que même dans ce moment, dans cet espace, devant une casserole pleine de glace et pas grand-chose d'autre, je suis traversé par des milliards de neutrons générés à des millions d'années-lumière de moi, comme les galaxies, les étoiles, les planètes.

J'imagine être l'un des leurs : un neutron, libre. Léger, sans masse, sans charge. Je regarde alentour : il n'y a rien comme se trouver sous un ciel infiniment grand pour désirer se sentir infiniment petit.

10
PASSAGE DU NORD-OUEST

Le dîner est prêt. Enfin un peu de temps pour nous détendre, réorganiser nos idées, réfléchir sur les événements de la journée. Malheureusement, le climat insouciant autour de la table ne dure guère : le bip annonçant l'arrivée d'un message sur le téléphone satellitaire interrompt nos badineries, annonciateur de mauvaises nouvelles. Son contenu est concis mais pas moins inquiétant : le célèbre « passage du Nord-Ouest », celui qui permet le contournement du continent nord-américain, est ouvert. La glace marine qui empêchait la navigation a fondu, victime du réchauffement planétaire.

Célébré dans des romans, récits et films, le « passage » (la route navale qui relie l'océan Atlantique à l'océan Pacifique, en passant à travers l'archipel arctique canadien) est le protagoniste principal d'une épopée lourde d'ambition et de tragédie, dont les débuts remontent à 1583, quand François Ier envoya le célèbre navigateur italien

Giovanni da Verrazzano explorer les côtes d'Amérique du Nord, de la Floride à la Terre-Neuve, pour rechercher une voie navigable vers l'Asie. Au même siècle, d'autres expéditions ont suivi : Jacques Cartier explora la Terre-Neuve en parvenant à passer sur le Saint-Laurent ; John Davis entra dans le détroit de Cumberland aux alentours de l'île de Baffin ; en 1609, Henry Hudson navigua sur un fleuve qui aujourd'hui porte son nom.

C'est deux siècles plus tard, toutefois, que partit de Cadix la célèbre expédition Malaspina. On était en 1789 et, en France, une révolution devait changer le sort de l'humanité, mais pour Alessandro Malaspina – Toscan de la province de Massa devenu officier de l'Armada espagnole –, le destin passa par nombre d'autres territoires (glacés). Bien que le grand siècle des explorations soit déjà bien derrière, on demanda à Malaspina de partir avec deux corvettes, la *Descubieda* et l'*Altrevida*, à la recherche de territoires encore inconnus et de l'existence du mythique « passage ». L'expédition qui prendrait son nom voyagea d'un bout à l'autre du monde ; les équipages traversèrent l'Atlantique en seulement cinquante-deux jours, par le cap Horn en longeant les côtes de l'Afrique du Nord et d'Amérique du Sud, puis se dirigèrent vers le Panama et enfin l'Alaska.

En 1845, le capitaine John Franklin partit d'Angleterre avec deux corvettes, l'*Erebus* et la *Terror*, avec l'intention de forcer un passage dans l'Arctique via la baie de Baffin. La série Netflix *The Terror* a récemment été consacrée à cette expédition. Mais Franklin n'avait probablement pas évalué avec attention la difficulté du passage : les corvettes furent bloquées dans les glaces vers l'île du roi William et tous les participants de l'expédition périrent. Les épaves ne furent retrouvées qu'à partir de septembre 2014, grâce à des images de sonar ; d'abord l'*Erebus*, puis, deux ans plus tard, la *Terror*.

Dans la pièce, nous nous regardons tous. Depuis des jours, nous sommes dans l'attente fébrile de comprendre comment se négociera cette fois-ci le défi séculaire entre la glace et le changement climatique dans l'Arctique, ce qui était une barrière épaisse et impénétrable laissant de plus en plus la place à l'immense océan froid. La première conséquence de ce changement, c'est qu'un nombre croissant de bateaux décident de défier les dangers d'une mer qui n'a pas été pratiquée pendant des centaines d'années et de rallier les côtes de l'Alaska et la côte est des États-Unis, au lieu de passer comme d'habitude par cette merveille d'ingénierie qu'a été et continue d'être le canal de Panama. L'Arctique, terre promise de la navigation contemporaine, est le canal de Panama du nouveau siècle.

Le voyage, bien que les glaces soient moins denses, continue de receler beaucoup de dangers, connus et inconnus : on sait très peu des fonds des routes navigables, surtout dans ces zones de l'archipel canadien qui ont été dévoilées il y a peu (et souvent seulement en partie) par l'évolution de la glace marine à la surface. La glace marine se forme par le gel de l'eau salée et c'est la forme la plus commune de glace présente dans l'Arctique. Dans les mois d'hiver, une couche permanente de cette glace s'étend sur la majeure partie de la surface de la mer tandis que, l'été, cette couche se fend, casse et fond, générant un archipel de bris de glace accumulés et tassés, qui se détachent de la banquise et flottent ici et là. La présence d'icebergs, même de petites dimensions, peut causer des dommages incalculables aux navires comme aux personnes. Quiconque navigue dans ces eaux doit toujours avoir en tête l'avertissement de la légendaire et tragique fin du *Titanic*, mais dispose aujourd'hui d'appareils extrêmement sophistiqués et modernes. Cela suffit-il pour naviguer les yeux fermés ? Certainement pas, sachant que ces petits icebergs restent invisibles même à l'œil des satellites qui les surveillent depuis en haut.

Le message arrivé sur le téléphone satellitaire nous a rendus plus bavards et réveillés qu'à l'accoutumée. Quelqu'un évoque les risques imprévisibles que l'Arctique continue de renfermer pour ceux qui s'aventurent sur ces mers. Un autre collègue rebondit en soulignant les imprévus auxquels nous sommes confrontés, nous qui nous déplaçons pourtant sur terre. En effet, l'un des plus grands dangers pour ceux qui vont jusque dans ces lieux est dû à l'absence de structures de support pour d'éventuelles urgences, fait qui rend des opérations de secours extrêmement coûteuses ou, le cas échéant, complètement impossibles. Cela peut partir de tout, d'une rage de dents à une grippe, d'un malaise à une chute, d'une jambe cassée à un pied gelé. Un accident, un malheur imprévu, on peut les analyser de nombreux points de vue, mais l'espoir de mener à bien le sauvetage est encore aujourd'hui réellement limité.

Le tableau est très complexe : il y a les dangers pour les bateaux, ceux pour les personnes et aussi ceux pour l'environnement. Une fuite de carburant, même minime, pourrait créer des dommages incommensurables, étant donné les équilibres délicats qui s'instaurent dans ces zones de notre planète entre les divers écosystèmes, le système biotique et la mer. Un petit problème mécanique pourrait se transformer à ces latitudes en un désastre environnemental de proportions incalculables qui finirait par altérer – presque certainement de manière définitive – l'Arctique tel que nous le connaissons aujourd'hui. Il ne s'agit pas seulement de carburant ; le simple bruit des bateaux peut perturber l'écosystème de l'océan Arctique en compromettant par exemple le système de communication des baleines et autres cétacées qui peuplent ces eaux et suivent des routes similaires à celles des bateaux de croisière. Ian et Christine nous rappellent que l'ouverture du passage du Nord-Ouest représente déjà en soi l'un des aspects les plus évidents de l'impact du changement climatique en Arctique et qu'en même temps, c'est un cercle vicieux létal pour cet écosystème : la possibilité de circumnaviguer l'Arctique permet d'économiser remarquablement sur le temps de transport, avec toutes les conséquences que l'on peut imaginer.

Patrick est l'un des membres les plus taciturnes et les moins sociables de l'expédition, mais cette discussion l'a un peu réveillé. Il nous raconte un article qu'il vient de lire sur le tourisme arctique. Malgré un début un peu confus, le fait qu'il ait décidé d'intervenir a suffi à capter notre attention. Dans tous les cas, la substance de son discours est très claire et par ailleurs effrayante : le nombre de personnes qui visitent l'Arctique augmente considérablement d'année en année.

Si nous examinons les chiffres sur l'Arctique, nous nous trouvons confrontés à une réalité rarement remarquée, qui nous indique ce qu'implique la présence ou non d'un phénomène touristique dans ces zones. La partie habitée représente près de cinq millions de kilomètres carrés, où vivent au total treize millions de personnes (autant que dans Tokyo à elle seule) réparties dans neufs nations diverses (Canada, Danemark – dont Groenland et îles Féroé –, Finlande, Islande, Norvège, Suède, Russie et États-Unis). Les indigènes d'origine sont près de neuf cent mille, appartenant à diverses ethnies, dont les Inuits (la plus connue), les Iakoutes de l'Arctique sibérien (la plus nombreuse), les Aléoutes, les Yupiks et les Toungouses.

C'est dans ce contexte que pèsent les milliers de visiteurs qui à la belle saison cherchent le frisson du « tourisme des glaciers ». On n'a pas – pour l'instant – de données précises sur la dimension de ce mouvement, entre autres parce que l'Arctique n'est pas en soi un continent comme nous avons l'habitude de le concevoir, avec ses nations, ses villes, ses commerces et son climat ; il est à la fois moins et davantage. Dans tous les cas, une chose est certaine : le gros du tourisme arrive grâce aux « croisières polaires ». La tentative d'effectuer des traversées pour le plaisir en Arctique n'est pas une nouveauté, car les premières embarcations de ce genre remontent directement à la fin du XIXe siècle, quand un industriel américain d'origine allemande, William Ziegler, commença à fréter des navires à but touristique suivant les chasseurs de baleines à Spitsbergen, dans l'archipel des Svalbard. À cheval sur la fin du XIXe et le début du XXe siècles, Ziegler (qui s'était enrichi avec la Royal Baking Powder Company, l'un des principaux producteurs mondiaux de levure chimique) se passionna tant pour les expéditions polaires qu'il décida de les soutenir directement avec deux bateaux de sa flotte, l'*America* et le *Belgica*, sur lesquels – moyennant un billet coûteux – pouvaient embarquer des personnes qui ne participaient pas à l'expédition scientifique. Ce fut un désastre financier complet, mais aussi la première preuve que la chose était possible. Aujourd'hui, à l'heure où ces traversées sont nettement plus réalisables, ce sont les bateaux de croisière norvégiens et russes qui se taillent la part du lion, même si, depuis quelques années, les Canadiens aussi font une entrée non négligeable sur ce qui semble être pour beaucoup d'observateurs l'un des principaux marchés du tourisme futur.

Il existe donc la possibilité, pour un montant oscillant autour des trente à quarante mille euros, de partir quinze jours pour une véritable « aventure polaire ». Certes, une aventure comportant tout le confort et la planification. On prend un avion de ligne pour les îles Svalbard (via Oslo) et on continue, toujours par voie aérienne, jusqu'à Bornéo, une base située sur le 89e parallèle qui disparaît tous les étés à cause de la fonte des glaces et se fait reconstruire au printemps suivant, dotée d'une piste de décollage et atterrissage, des installations nécessaires et de quelques hélicoptères. Les touristes ont alors le choix : ils peuvent décider de rejoindre le pôle sur des skis (une semaine de voyage environ) en dormant sous une tente ; ou, pour les plus paresseux, ils peuvent prendre l'hélicoptère, aller et retour dans la journée, avec dîner sous une tente et téléphone satellitaire pour le faire savoir aux parents et aux amis. Des voyages qui là-bas se faisant aussi dans un oubli partiel des limites environnementales se transforment en un énorme problème en peu de temps quand les nombres deviennent très élevés.

Perdu dans mes pensées, je me fais coi. Patrick continue de rechercher des informations. L'été 2016 a représenté l'une des pierres miliaires pour la navigation arctique : c'est en août de cette année que le *Crystal Serenity* – bateau immatriculé aux Bahamas et appartenant à la compagnie Crystal Cruises – a transporté près de mille passagers, quittant le port de Seward en Alaska pour rejoindre New York en naviguant le long des côtes du Canada et du Groenland, couvrant presque mille cinq cents kilomètres en trente-deux jours. Un rêve nourri pendant plusieurs siècles enfin devenu réalité.

Dans le passé, de tels essais avaient coûté trop de vies humaines. Les premières tentatives d'ouvrir la nouvelle voie furent effectuées par Giovanni Caboto (1445-env. 1498) qui, probablement né à Gaeta, mais citoyen honoraire vénitien, manqua d'être pour la Sérénissime République le Christophe Colomb des mers du Nord. Cependant, le doge n'était apparemment pas intéressé par les explorations océaniques, ce qui fait que Caboto (après une parenthèse au service du roi d'Espagne) réalisa son rêve au profit du roi d'Angleterre Henry VII. Caboto finit par découvrir le Canada en 1497 ; lors d'un second voyage l'année suivante, il aurait débarqué aux États-Unis, peut-être à la latitude de New York, mais entre réalité et légende, on n'a pas de certitudes sur le fait que l'explorateur italien ait effectivement réussi (car quand il rejoignit les côtes du Canada, il était convaincu d'avoir trouvé l'Asie). Le premier à y parvenir fut en fait, quatre bons siècles plus tard, l'explorateur norvégien Roald Amudsen, qui en trois ans – de 1903 à 1906 – arriva à vaincre le passage du Nord-Ouest, de la baie de Baffin au détroit de Béring. À partir de là, il y a eu environ deux cent quarante traversées. La majeure partie de ces voyages – dont dix-sept depuis 2015 – se sont faits à partir de 2007, quand pour la première fois depuis les débuts de la surveillance de l'Arctique par les instruments scientifiques modernes, le passage a été considéré comme accessible librement en été.

Entre-temps, notre soupe refroidit et la vapeur se dissipe de plus en plus. Dans la vie au milieu des glaces, partager un repas fumant est l'un des moments les plus agréables et les épices savoureuses enrichissent la conversation de leurs arômes. La soupe est un délice arctique. Évidemment, pour des raisons de poids et d'espace, nous n'emportons que le minimum vital, mais cette soupe est sans comparaison avec celles des premières expéditions. Nous avons appris à enrichir les saveurs et le contenu énergétique avec les années : un peu d'épices, de l'huile d'olive (ingrédient fondamental, que nous avons toujours avec nous malgré son poids), du beurre, du riz, du poivre, du fromage et le tour est joué. Pendant que nous dégustons les dernières cuillerées, Patrick reprend son récit.

Parmi les bateaux de croisière, ce n'est pas en réalité le *Crystal Serenity* qui fut le premier car le *Linblad Explorer*, en 1984 déjà, avait réussi à naviguer le long du passage du Nord-Ouest. Le *Serenity*, toutefois, est de loin la plus grande embarcation (deux cent cinquante mètres de long pour presque soixante-neuf mille tonnes) à avoir jamais tenté (et réussi) cette extraordinaire route navale de l'Arctique. Ce n'est pas un détail négligeable, parce que dans un labyrinthe de canaux dont nous connaissons seulement 10 % de la navigation, les dimensions sont décisives à bien des égards. Comme il a déjà été dit, les dangers potentiels sont divers : des roches qui affleurent, des courants imprévisibles, des anses, la présence de glaces marines ayant survécu au dégel. Pour accomplir la traversée, le

Crystal Serenity a dû recourir au soutien logistique d'un bateau brise-glace et de deux hélicoptères qui ont sondé en continu les eaux environnantes à la recherche d'éventuels résidus de glace marine.

Déjà, accessoirement, combien peut coûter une croisière de ce genre, si elle est si compliquée à réaliser ? Patrick sourit avec malice : le billet le moins cher s'élevait à « seulement » vingt mille dollars, tandis que pour ceux qui souhaitaient toutes les commodités d'une suite luxueuse, les prix allaient jusqu'à cent mille dollars et, pour toute excursion, on demandait tranquillement à chacun d'ajouter cinq mille dollars. Les places sont parties en trois semaines et ce n'est pas si étonnant : les touristes étaient tous des ultrariches. Un phénomène qui rappelle tristement les safaris du temps où l'élite du tourisme international pouvait jouir du droit de chasser des espèces en voie de disparition : rhinocéros blancs et noirs, chameaux sauvages, éléphants d'Asie, tigres, rorquals, pandas pourtant hyperprotégés, jusqu'aux ours polaires. L'Arctique est une autre affaire, mais les dommages peuvent être les mêmes : en Afrique et dans une partie de l'Asie aujourd'hui, il existe des règles et interdictions très sévères alors que, dans ces zones, la législation reste entièrement à écrire.

L'accroissement du trafic maritime dans la région des glaces se reflète aussi dans l'augmentation constante des incidents enregistrés. Les chiffres obtenus en analysant les données de plusieurs compagnies d'assurance sont inquiétants : environ soixante accidents rien qu'en 2015 à l'intérieur du cercle polaire arctique, avec une augmentation de près de 30 % par rapport à l'année précédente. Allison intervient en rappelant qu'un bateau de croisière avec environ deux cents passagers à son bord – beaucoup plus petit que le *Serenity* – était resté bloqué à cinquante-cinq milles marins de la côte. Il a fallu plus de deux jours avant que les garde-côtes canadiens puissent sauver touristes et équipage avec des canots de sauvetage. En laissant l'embarcation sombrer au milieu des glaces.

Affrontant toujours la question de l'impact humain sur l'ambiance polaire, Ian se focalise sur l'inquiétante découverte faite il y a peu en Antarctique. Des études et relevés récents ont révélé dans les glaces du pôle Sud des traces de caféine, de paracétamol et de cocaïne à des niveaux comparables à ceux trouvés en Europe dans des zones densément peuplées. Les hautes concentrations de ces substances sont vraisemblablement dues à leur usage excessif de la part des touristes qui, depuis longtemps, visitent régulièrement l'Antarctique à un rythme avoisinant le millier de personnes par an. Les eaux de vidange des bateaux sont tellement saturées de ces substances qu'une fois relâchées dans l'océan, elles en augmentent la concentration avec un impact inimaginable sur les écosystèmes.

Le problème ne vient pas seulement du tourisme, me permets-je de rappeler à mes collègues. Il existe aussi ce qui a été appelé la « route polaire de la soie » en l'honneur du fait que la Chine (qui ne fait pas partie des nations « arctiques ») en sera la protagoniste : un projet présenté début 2018 par le gouvernement de Pékin dans un « livre blanc » sur l'Arctique pour réduire de moitié les temps de trajet entre la Chine et l'Europe du Nord (en moyenne vingt jours contre quarante-huit actuellement), lançant la superpuissance asiatique comme nouvelle « puissance régionale polaire ». L'objectif principal, ce sont les « trésors cachés » de l'Arctique, représentant un véritable joyau de terre, d'eau et de glace où gisent des centaines de milliards de tonnes de gaz et de pétrole et environ un quart de réserves naturelles fossiles de la Terre, encore toutes ou presque à consommer.

L'Arctique abrite 13 % des ressources mondiales de pétrole et 30 % des réserves de gaz naturel. Ensuite viennent l'or, l'argent, le fer, l'uranium, les diamants. Selon la Convention des Nations unies sur le droit de la mer (Unclos), chaque pays peut formuler une revendication sur l'Arctique et tenter d'accroître sa souveraineté jusqu'à la totalité de la plateforme continentale à laquelle appartient l'État, étendant ainsi ses pouvoirs sur les ressources présentes sur le fond et le sous-sol de la zone reconnue. Si les temps de trajet diminuaient et que l'investissement devenait économiquement viable, la Chine pourrait déplacer sur ces routes des millions de personnes, sans doute plus que toutes celles que l'Arctique a vues passer au cours de son histoire. Ce n'est pas tout ; cela risquerait de se transformer rapidement en une nouvelle ruée vers l'or, où les réserves aurifères du Yukon et les téméraires mineurs à la recherche de la fortune seraient remplacés par les glaciers du Nord et les superpuissances mondiales. Avec des conséquences catastrophiques et irrémédiables pour tous. Ian me regarde avec attention, les yeux en l'air, le menton enfoui dans son col pour conserver la chaleur émise par son corps sous les strates qui protègent des températures extrêmes. La fatigue sur son visage – et sur ceux des autres membres de l'expédition – devient plus évidente, mais c'est une fatigue positive, car accompagnée et soutenue par un enthousiasme que nous avons depuis notre arrivée et qui nous permet d'aller de l'avant, jour après jour. Pendant que nous continuons la discussion, les visages se détendent, s'apaisent. Christine termine de préparer le plat principal : des haricots avec de la viande et des épices. On n'est pas mal lotis, sachant que dans l'état où nous sommes, notre estomac serait prêt à accepter n'importe quoi, y compris de qualité nettement inférieure.

L'ouverture du passage du Nord-Ouest, disais-je, n'est pas seulement un problème à cause du tourisme de masse qu'elle implique. L'une des plus grandes activités économiques du Groenland concerne l'extraction de matières (terres rares et uranium) en plus de la pêche, bien entendu. Les terres rares sont un groupe de dix-sept éléments dans le quart inférieur de la table périodique qui, même s'ils ne sont pas précieux en petites quantités (comme l'or et l'argent), sont amplement utilisés dans le milieu de la recherche militaire, des ressources renouvelables et de la technologie de consommation, étant indispensables à la production de smartphones, fibre optique, disques durs, véhicules hybrides, micro-ondes et superconducteurs. Les premiers éléments des terres rares furent découverts en 1787 dans une grotte du village d'Ytterby sur l'une des nombreuses îles de l'archipel de Stockholm, par le chimiste et militaire suédois Carl Axel Arrhenius, qui aperçut un minéral noir jamais vu auparavant et, pensant se trouver face à une substance inconnue, lui donna le nom d'ytterbine en hommage à son lieu de découverte. Depuis, d'autres éléments furent identifiés, avec des noms plus disparates : l'yttrium, le cérium, le lutécium, le lanthane, le scandium. Je tourne les yeux vers le téléphone satellite. Dire qu'un morceau de Groenland pourrait être dedans... Bon, nous l'aurons ramené voir ses origines.

Le retrait des glaces de ces dernières années a fait émerger toujours plus de roche nue, couverte et dissimulée par des milliers d'années, et avec lui les gisements des terres rares sont de plus en plus « découverts » et repérables. Comme cela arrive souvent dans ces circonstances, ce ne sont pourtant pas les populations locales qui en bénéficient, mais les grandes multinationales et la mère patrie Danemark, qui ont la possibilité technique et les moyens financiers d'extraire et d'exporter de telles matières. Une vraie tragédie, surtout si on tient compte de la pauvreté dans le Groenland du Nord : une terre où le soleil disparaît pendant de longues périodes en hiver et où la population se concentre dans de petits villages habités par quelques centaines de personnes, chez qui le taux d'alcoolisme et de maladies sexuellement transmissibles est élevé tandis que les hôpitaux sont très distants. La colère que j'éprouve vis-à-vis de cette injustice est la même qui m'accompagne quand je lis les récits de la destruction de la civilisation des premiers habitants d'Amérique par les conquérants européens en Amérique du Sud et par les colons états-uniens au Nord : des cultures séculaires peu à peu anéanties non seulement physiquement, mais aussi par l'économie et la création des différences sociales.

Pendant que nos assiettes se remplissent de haricots, un étrange silence s'établit entre les couverts. Des pensées muettes nous traversent : l'espoir que notre travail puisse un peu, un jour, apporter aussi une aide aux populations locales alterne avec la conscience que certaines des données obtenues par nos recherches seront utilisées par les compagnies étrangères pour comprendre comment, où et quand creuser, et quel sera le prochain glacier qui, en accélérant sa course vers la mer, portera encore une fois en surface une zone plus grande à partir de laquelle elles pourront atteindre les ressources minières. Nous ne sommes pas des acteurs humanitaires et notre objectif est l'étude scientifique de l'impact du changement climatique, mais nous en souvenir ne fait qu'attiser notre sentiment de culpabilité.

Christine cherche à me remonter le moral en me rappelant l'existence de la nouvelle centrale hydroélectrique construite par le Danemark au sud-ouest du Groenland, à Ilulissat, pas très loin d'où nous sommes, qui utilise l'eau produite par la fonte des glaces. J'acquiesce, repensant au moment où j'ai vu de mes yeux les hélicoptères danois transporter les matériaux de construction de la centrale, scène qui m'a rappelé celle du film des Pink Floyd *The Wall*, où des piliers d'acier sont transportés dans les airs en survolant des paysages enchanteurs où la nature est encore pure et sans pollution. J'esquisse une moue amère : pas une seule des personnes y travaillant que j'ai vues ou rencontrées n'est d'ici.

Ian lance un nouveau thème, pas moins préoccupant que les précédents : que se passerait-il si, comme pendant la guerre froide, la Russie et les États-Unis (dont les intérêts économico-politiques sont en conflit, comme on le sait depuis des années) entamaient une guerre silencieuse, invisible, vouée à nuire au développement des activités le long des côtes arctiques de chaque pays ? La question est loin d'être étrange. La Russie de Poutine a en effet un rapport très étroit avec l'Arctique car de nombreuses activités militaires – manœuvres de sous-marins, par exemple – se font au large des côtes sibériennes, ne serait-ce que pour les ressources pétrolifères emmagasinées au fond de l'océan arctique. Le Kremlin a lancé il y a quelque temps le projet Iceberg, un plan ambitieux (et selon certains, irréaliste) pour explorer la mer du Nord gelée et construire des bases pour l'extraction du pétrole. Pour surveiller les fonds marins et creuser des trous destinés aux communications, il faudra un énorme sous-marin alimenté à la fission nucléaire – il s'appelle *Belgorod* et a une longueur de cent quatre-vingt-deux mètres – qui coordonnera aussi une flotte de submersibles plus petits.

L'une des nouvelles armes qui pourrait être utilisée dans cette « guerre froidissime », c'est la géo-ingénierie, c'est-à-dire la capacité de modifier ou créer des événements météorologiques (et donc à l'arrivée, transformer le climat) via l'émission de substances dans l'atmosphère qui favorisent ou réduisent la formation de nuages, maintenant ou retirant ainsi la glace : les nuages peuvent protéger la glace du rayonnement solaire – l'un des principaux facteurs de sa fonte. En soi, la géo-ingénierie n'a pas une connotation négative et peut être utilisée autant dans une optique scientifique que dans une visée d'utilité publique ; l'aspect préoccupant, toutefois, c'est qu'il n'existe pas de lois spécifiques pour le contrôle de l'activité (scientifique ou non) sur la glace marine, parce que les lois en vigueur sont les mêmes qui régulent la territorialité des eaux internationales (jusqu'à cent kilomètres de la côte). Cela signifie que la Russie et les États-Unis – ou toute autre puissance en capacité de le faire – pourraient réussir à contrôler le climat d'un autre pays, avec d'évidentes conséquences géopolitiques. Une image qui donne le frisson (et pas seulement parce que nous sommes au Groenland).

Le dîner se déroule doucement dans les discussions. C'est déjà le moment d'aller se coucher. La nuit dans le glacier est longue mais, parfois, quand la chaleur humaine se dégage, elle semble même trop courte.

11
LIBERTÉ

Se relever demande un effort plus important que d'habitude ; nous sommes alourdis par le repas et les chaises de camping que nous utilisons nous font adopter une position décidément peu commode. Patrick et moi sommes restés, les autres sont déjà en route pour leur tente afin de profiter d'un repos bien mérité : Ian et Alison ricanent, complices, en se brossant les dents devant le paysage somptueux. La nuit n'est pas froide, du moins pas pour ce climat. Il fait très chaud sous la tente, qui a été exposée toute la journée au soleil ; l'air à l'intérieur s'est réchauffé et si elle était libérée des cordelettes qui la retiennent à terre, elle se soulèverait comme une montgolfière. Cependant, il ne faut jamais trop s'y fier, le temps au Groenland peut changer en quelques minutes et passer du froid au gel en un instant. C'est déjà arrivé durant cette expédition : on va dormir par une soirée tiède et on se réveille quelques heures après enfoui dans une neige froide, les vêtements complètement trempés et les os douloureux, comme si l'on était transpercé par une dague glacée.

Nous débarrassons les derniers couverts. Rien ne doit être laissé en plan : un souffle de vent pourrait tout faire voler. Tout doit être rangé, accroché, protégé hermétiquement, organisé et emballé. Je regarde à nouveau autour de moi. Je suis fatigué mais je n'ai pas encore envie d'aller dormir car l'adrénaline reste élevée. Je sirote un scotch que j'ai emporté pour ces moments. Pendant que le précieux liquide ambré me réchauffe, je me dis que la guerre que nous menons est encore longue. La guerre contre le changement climatique, celle contre l'impact dévastateur de l'Homme sur la nature, celle de l'*homo sapiens* contre lui-même, celle des idéologies opposées et du progrès sans régulation contre une nature qui en est trop souvent la victime, une guerre qui est encore longue et difficile, très difficile. Et personne aujourd'hui n'est en mesure d'imaginer comment elle pourrait se terminer.

Le passé nous fournit toujours des indications sur l'avenir et si nous le parcourons avec attention, nous ne pouvons qu'être préoccupés. Et pas qu'un peu. Il suffit de consulter des données, comme celles du niveau de la mer : quand les températures et le taux de CO_2 ont été semblables à aujourd'hui, le niveau des mers de notre planète était beaucoup plus haut. Certains parlent de quelques mètres, d'autre de dix ou quinze. Par le passé – et j'entends là des centaines de milliers d'années –, le changement est venu lentement, à un rythme « géologique », suivant une sorte de cycle naturel. Maintenant, il a fallu des milliers et des milliers d'années pour arriver aux niveaux de CO_2 atteints et dépassés par nous de deux siècles et demi environ (essentiellement depuis la première révolution industrielle jusqu'à nos jours). Prenons par exemple la période la plus chaude du temps de vie de l'*homo sapiens*, l'interglaciaire Riss-Wurm, ou période Eemian, il y a entre cent trente mille et cent quinze mille ans. Le climat dans le monde était complètement différent et, par exemple, il y avait en Angleterre des hippopotames, des singes, des éléphants et des lions (ce qu'ont démontré les ossements retrouvés dans les années 1950 du côté de Trafalgar Square à Londres), qui ne sont présents que dans les tropiques. À cette époque, le niveau de la mer était de six à neuf mètres plus élevé que l'actuel et la température globale était de deux degrés supplémentaires – ce qui, je vous l'assure, représente énormément de conséquences extrêmes et mortelles pour la faune et la flore. C'est entre autres la limite haute au-dessus de laquelle les scientifiques estiment qu'il ne sera plus possible de « sauver » la planète. Aujourd'hui, la température moyenne globale a déjà augmenté d'un degré par rapport aux niveaux pré-industrialisés, avec l'accroissement des températures arctiques à un niveau double de la hausse générale. Selon d'autres estimations récentes, la mer semblerait destinée d'ici quelques décennies à monter de manière plus drastique, et plus globalement, cela ferait partie de la réaction de la planète face à l'augmentation des émissions humaines de gaz à effet de serre dans l'atmosphère.

Difficile, voire impossible de prédire avec exactitude ce qui se produira, et si on n'a pas de certitudes absolues dans les prévisions auxquelles la science peut accéder, suivant beaucoup d'hypothèses, données à l'appui, le pire est encore à venir et le niveau de la mer continuera de croître de façon exponentielle, même après avoir éteint toutes les machines qui rejettent du gaz à effet de serre dans l'atmosphère. Par le passé, la lente marche du changement avait en fait donné le temps aux océans de « s'adapter » à l'augmentation des niveaux de CO_2, un peu comme quand nous invitons quelqu'un à se déplacer d'un endroit à l'autre en lui donnant une légère impulsion et en l'accompagnant du bras, sans le forcer, sans violence. De nos jours, c'est précisément le contraire qui se produit. Comme si nous donnions de grands coups à la planète pour la forcer à partir ailleurs.

Patrick et moi nous occupons des derniers détails à régler : ranger pinces et tournevis, recharger les batteries de la radio, ordonner dans un coin les objets que les autres ont laissé traîner. La blancheur du paysage dans la nuit sans obscurité ni étoiles est presque désolante. J'entends de l'eau couler ; un ruisseau doit s'être ouvert une brèche dans les glaces. Près ou loin, difficile à dire. « *Well, the river runs deep and the water is cold as ice** », chantait J. J. Cale, et ce que j'entends est de la musique expérimentale arctique.

L'eau produite par la fonte de ces glaces touchera (et le cas échéant, inondera) les rives aux États-Unis, en Amérique du Sud, en Chine, mais ne se répartira pas

* La rivière est profonde et l'eau froide comme de la glace. (N.d.l.T.)

– ainsi que le croient beaucoup – de manière uniforme sur la Terre selon le modèle de la baignoire. La hausse du niveau des mers se fera de manières diverses en fonction des différents endroits et des mers. Environ la moitié de cette hausse est due au réchauffement des eaux : quand un liquide (tel que l'eau de mer) se réchauffe, il a tendance à prendre plus de place, et plus il se réchauffe, plus c'est le cas. Ainsi, à mesure que la température des océans augmente, le niveau des mers croît aussi, avec les endroits où l'océan est le plus chaud (par exemple au niveau de l'Équateur) qui s'élèveront plus que là où l'eau est plus froide.

Il existe ensuite un autre facteur qui agit sur la distribution des océans : la gravité. Ou plutôt, les variations du champ gravitationnel. La masse du Groenland est telle qu'elle exerce une certaine attraction sur l'océan environnant, l'attirant littéralement vers l'île glacée comme s'il était enchanté. Plus la glace groenlandaise se perd, cependant, plus son effet gravitationnel diminue et plus l'eau qui entoure l'île « s'éloigne ». En substance, la fonte des glaces encourage le déplacement des masses océaniques, distribuant la hausse du niveau des mers de manière hétérogène.

Ces rapports entre les forces de la nature et leur équilibre sont l'une des choses qui m'ont le plus fasciné dans la création. Malheureusement, dans ce cas, les conséquences sont néfastes.

Patrick s'est installé sur un siège devant un livre. Je le secoue et lui indique la direction de la tente du regard, arquant les sourcils. Je ne veux pas qu'il s'endorme là, avec le risque d'être victime des précipitations ou du froid. Il ne se le fait pas dire deux fois et part pour un juste repos. Il doit encore manœuvrer un peu en sautillant pour retirer ses vêtements. C'est le même rituel que l'habillage matinal, mais en sens inverse, avec en plus la fatigue de la journée.

Pour ma part, je m'enfonce de nouveau dans mon siège. J'allonge les jambes, je croise les chevilles et, les mains sur le ventre, je fixe l'horizon. Pendant un moment, je sens monter une espèce de nostalgie pour le monde que j'ai laissé derrière moi, le monde réel fait de petites choses du quotidien. C'est une nostalgie légère, languide, qui s'évapore aussitôt que je prends conscience de la merveille qui m'entoure. Je soupire. Parfois je me sens plus seul au milieu des gens qu'ici, loin de tout et de tous, dans un énorme glacier sans murs. Ma terre. Rien qu'à prononcer ces mots, les vers d'une chanson de Pino Daniele, qui clôturait son premier album, me reviennent :

Stà durmenno senza tiempo
'Nu ricordo ca nun penzo cchiù
Ma che succede io sto' chiagnenno
Penzanno a 'o tiempo ca se ne va
E cammine 'mmiezo 'a via
*Parlanno 'e libertà**

---

* Intemporel et en dormance / Un souvenir auquel je ne pense plus / Mais que se passe-t-il je pleure / En pensant au temps qui s'en va / Et je marche dans la rue / En parlant de liberté. (N.d.l.T.)

Je m'identifie au texte, à ce souvenir auquel je ne pense plus mais qui reste là, comme un vautour prêt à fondre sur sa proie dès qu'elle s'affaiblit. Des larmes coulent sur mes joues et refroidissent sur-le-champ. Je regarde devant moi les glaces qui scintillent sous la lumière. Comme la nuit me manque aussi, avec tout ce qu'elle comporte ! Les sons, les bruits, la chimie, les émotions. C'est comme si j'étais le cobaye d'une expérience pour étudier le comportement humain en cas d'excès de lumière. Qui sait si je finirais par en perdre le sommeil à la longue, comme dans *Insomnia*, le film de Christopher Nolan en Alaska.

C'est incroyable de songer à la quantité de lumière qu'il y a aussi dans nos villes en principe plus sombres. Ce n'est pas une bagatelle risible. La « pollution lumineuse », selon un rapport de 2016, est un phénomène qui concerne 99 % de l'Europe et des États-Unis (où elle a récemment augmenté à un rythme de 10 % annuels). Sur le plan global, les estimations évoquent une hausse de 2 % des niveaux de pollution à l'année, avec environ 80 % de la population mondiale qui vit dans des zones où le ciel est sujet à la pollution lumineuse. Je ne sais plus quelle heure il est. Il pourrait être minuit comme 2 heures du matin. Je regarde vers le soleil, plus bas, tiède, pâle, au point de pouvoir garder les yeux non protégés dessus.

L'un des cristaux qui se trouvent à pas plus d'un mètre de la sortie de la tente, de la taille d'un cierge ou presque, tombe de la position dans laquelle il est resté immobile toute son existence. La scène que j'ai devant moi me rappelle des photos vues dans un dossier de *National Geographic* sur la pollution lumineuse qui montraient les lueurs dorées des nuits de Las Vegas et de Los Angeles, visibles à plus de cent kilomètres de distance ; ou même ce qui se passe autour du centre financier de Toronto au Canada, où des oiseaux sont tellement fascinés ou induits en erreur par les lumières artificielles qu'ils finissent souvent par se cogner aux vitres des bâtiments ; ou encore les tortues de mer qui, juste après l'éclosion des œufs, prennent le reflet des lumières artificielles sur l'eau pour celui de la lune – utilisé depuis toujours pour s'orienter vers la mer – et sont victimes des prédateurs ou meurent de déshydratation ou d'épuisement. Dans le cas des êtres humains, l'excès de lumière peut créer des problèmes aux photorécepteurs de la rétine et altérer le rythme circadien qui contrôle le sommeil, pendant lequel surviennent de nombreuses activités fondamentales pour notre santé.

La nuit. Je m'en souviens bien, de la nuit, la vraie, sombre à en faire mal aux yeux. Les nuits des montagnes hirpines passées à regarder les étoiles. Ça me réconforte de savoir qu'en moi, cet endroit existera toujours, au moins dans mes souvenirs. J'entends la fermeture Éclair du sac de couchage de Patrick qui se referme, suivie d'un soupir. Il dort déjà. Je continue de rêver les yeux ouverts.

ÉPILOGUE

Le soleil se lève derrière la statue de la Liberté, dans le port de New York. C'est un après-midi de printemps, bien qu'il fasse encore froid.

Depuis cette expédition au Groenland, un an s'est déjà écoulé, mais son souvenir est encore vif, chaud, intense. Il se mêle à celui d'autres aventures, d'autres expéditions, se fondant en un flux unique d'images et de sensations, bouillon arctique de mes neurones. Paolo, étudiant de Brescia en visite à l'université de Columbia, est assis à côté de moi pendant que nous roulons sur la West End Highway, sur la partie la plus à l'ouest de l'île la plus peuplée du monde : Manhattan. Il me rappelle un peu moi-même il y a quelques années : joyeux, enjoué, mais en même temps attentionné et plein de sollicitude, de soif de découverte, fasciné par un monde qu'il savoure et qui lui murmure à l'oreille comme les sirènes à l'équipage d'Ulysse : reste, reste ! Dans mon cas, il s'en est fallu de peu. Pour Paolo, seul le temps nous donnera la réponse.

Cette année aussi, nous retournerons au Groenland. Je suis aussi excité que la première fois : de nouveaux défis, de nouvelles rencontres, des imprévus, des difficultés, mais aussi l'euphorie de la découverte et du fait de regarder au-delà du monde y compris à l'intérieur de soi. Comprendre quelque chose de plus sur qui nous sommes. Nous devrons nous entraîner et nous préparer, comme d'habitude, peut-être plus que d'habitude. Nous allons continuer d'étudier les trous de cryoconite et de faire voler nos drones pour recueillir des données à croiser, en temps voulu, avec les modèles et informations véhiculées par les satellites.

Je regarde ma valise ouverte sur le parquet. C'est plus fort que moi : chaque fois que je m'apprête à partir en expédition, je repense à mes origines, au temps où, enfant, répondant à la question des adultes sur ce que je voulais faire plus tard, je proclamais sans hésiter « Scientifique » – dans ma tête, ce mot s'écrivait toujours avec une majuscule. Je repense à mon arrivée à Florence pour mon doctorat avec une valise et rien d'autre, hébergé par mon très bon ami Domenico. Pour la première fois peut-être, j'y ai goûté le sentiment de solitude et la confusion que seul celui qui émigre peut connaître. Je repasse dans ma tête le moment où je suis entré à la Nasa pour la première fois, l'émotion et la crainte éprouvées, au nombre de fois où j'aurais voulu être l'une de ces fusées qui transportent les satellites et, après avoir dégusté l'infini, reviennent à la « maison ». Je revois les visages de ceux que j'ai aimés et que j'aime, dont le sourire (ébauché, marqué, voilé, imaginé ou réel) a éclairé mon parcours et m'a fait vaincre les nombreux défis qui sont apparus le long du chemin.

Je pose les yeux sur les vêtements posés tranquillement sur le lit, dans l'attente d'un nouveau voyage, et je souris.

Je sens sur ma peau toute la gratitude d'avoir réussi mon rêve d'être scientifique et d'avoir la chance de pouvoir le partager. Rien à faire, la glace continue de m'émouvoir, même après aussi longtemps. Peut-être encore plus.

Je me tourne vers la fenêtre et la ligne encombrée des gratte-ciel de la ville : ici aussi, il y a des milliers d'années, la glace imposait sa présence, creusant un canyon entre Central Park, Harlem et l'Hudson silencieux. Je pousse un soupir. Je me sens véritablement en vie et chanceux. Devant moi, un nouveau voyage qui m'amènera encore une fois à affronter les terres pâles et lumineuses de bleu gelé, avec le soleil qui semble ne jamais disparaître et les incroyables beautés que la nature parvient à extraire des étroits replis du froid. Encore une fois, le contact direct avec les esprits des scientifiques brillants, se confronter sur ce qui est le champ de bataille le plus extrême du développement environnemental de la planète. Encore une fois, contempler l'érosion de ce mystère qui n'est autre que la même nature dont nous sommes également faits.

Encore une fois, la présence de sa majesté, la glace.

Cet ouvrage a été mis en pages par IGS-CP (16)

Imprimé en France
par la Nouvelle Imprimerie Laballery
rue Louis Blériot 58500 Clamecy
mai 2022 - N° 203258

La Nouvelle Imprimerie Laballery est titulaire de la marque Imprim'Vert®